クラゲの宇宙
底知れぬ生命力と爆発的発生

石井 晴人 著

はしがき

　今でこそ多くのクラゲ研究者がいて、クラゲの研究は大きく進んだ。しかし、20年前までは、よく目にするミズクラゲでさえその生活ぶりは謎だらけで、身近に感じながらもだれも興味を示さない生物だった。クラゲよりもはるかに小さい動物プランクトンについては、当時すでに多くの海洋学者によって研究が進められていたのとは対照的である。すなわち、固い殻をもつ動物プランクトンに比べて、クラゲのゼラチン質の体はもろく、あつかいづらく飼育しにくい生物であることが、クラゲ研究が遅れた原因の一つであったかもしれない。ところが、調べれば調べるほど、この広い海の中でのクラゲ類の果たす役割が大きいことがわかってきた。つまり、食う－食われるの関係のなかで、クラゲは多くの動物プランクトンを食べる一方で、様々な魚介類のエサとなっていること、また、他の魚介類が生息できないような厳しい環境下でも生きていけること、などが明らかになってきた。私がクラゲの研究を始めたのは、ぜひ、その生態を明らかにしなければならないと思ったからである。

　クラゲ類の研究を飛躍的に発展させたのは、皮肉にも国内沿岸域でのミズクラゲの大量発生と巨大なエチゼンクラゲ（図0-1）の大量来襲である。特にエチゼンクラゲの存在はそれまでほとんど知られておらず、研究者でさえもどういう生物なのかよくわかっていなかった。実は、私も2002年にエチゼンクラゲが来襲した時まで実際に泳いでいる姿を自分の目で見たことはなかった。調査で乗船した際に海を見ているとドラム缶のような巨大な生物が大量に浮いて

いるのである。そんな気味悪いクラゲが突然大挙して日本海に押し寄せてきたのだから、日本全国大騒ぎとなった。多くのマスコミが私の研究室にも来て、その生態や駆除方法について質問していった。この来襲は10年近くも続き、その間に人々の関心も高まって多くの研究が行われ、エチゼンクラゲの様々な生態や行動が明らかにされてきた。時を同じくして世

図 0-1　エチゼンクラゲ（傘径（傘の大きさ）50〜200 cm）

界中の海でクラゲ類の大量発生が問題になり、各国のクラゲ研究者が集まる国際会議が数多く開かれるようになり、次々とクラゲの謎が明らかになってきたのである。

クラゲ研究のもう1つの世界

　クラゲは大量発生して漁業被害を起こすやっかいものであるが、その反面、ふわりふわりと泳ぐ独特の動きには見る者を癒やす効果もある。最近では多くの水族館でクラゲの展示に力が入れられているが、私が研究を始めた当時は本格的にクラゲを展示している水族

館はわずかであり、江ノ島水族館（現・新江ノ島水族館）はその先駆者であった。私は江ノ島水族館と共同研究を行い、その過程でクラゲ飼育の基礎や生体展示の技術に多くの感銘を受けた。やわらかいゼラチン質の体をもつクラゲをきちんと飼育することは思ったより困難であるが、飼育なくして生態や行動の研究はできない。私は多くのクラゲを飼育することによって、種類ごとにもっている様々な不思議な生態に出会ったのである。

　あとで詳しく説明するが、クラゲは生まれた時は水中を漂う小さなプランクトン、それがイソギンチャクのように付着したり、イモムシのように這いずり回ったり、やがてベビークラゲとして再び海中に泳ぎでたりと様々な形に変化する。このことは、はるか5億年以上前の古生代から生きてきたクラゲが、様々な環境の変化や生息場所に応じて、柔軟にその生き方を変えてきた結果といえるのではないだろうか。このような様々な生態（生物学的には多様性と呼ぶ）に富んだクラゲの魅力をできるだけ知ってもらい、古くから生きてきた不思議なクラゲの世界を垣間見てほしいと考えたのがこの本を書いたきっかけである。クラゲは毒をもつが、その反面とても美しい。それゆえ、これまでの書籍はクラゲを図鑑的に取り上げ、その美しさを写真などで紹介し、できるだけ多くの種類を載せることを目的としたものが多かった。しかし、この本ではクラゲの多様な生態を中心に紹介し、特に生態学的に重要だと思われるクラゲについて海の生態系内での役割、われわれの社会との関わりなどについて重点的に書くこととした。したがって、基本的に何らかの特徴をもったクラゲか、日本各地でよく目にするクラゲを中心に書いた

ため、読者の方々にとってはお気に入りのクラゲがぬけているかもしれない。その点についてはお許しいただきたい。

　また、この本ではクラゲに興味をもってもらうための入門書として、中高生をはじめ広く一般(いっぱん)の方々にも気楽に読んでもらえるような構成をこころがけた。この本をきっかけとして、クラゲやクラゲが住む広大な海の世界について興味を抱(いだ)いてもらえれば、筆者としてこれほどうれしいことはない。

提供：村井貴史(むらいたかし)

目次

はしがき ……………………………………………………… 2

第1章 クラゲとは？ ……………………… 8
クラゲの生活史／クラゲの体／クラゲの分類

第2章 クラゲの多様な一生 ………………… 25
ヒドロクラゲ綱／立方クラゲ綱／十文字クラゲ綱／鉢クラゲ綱／有櫛動物（クシクラゲ）門

第3章 クラゲのもう1つの姿
－ポリプ・シスト …………………………… 43
プラヌラからポリプへ／ポリプの育つ場所／ポリプのエサ／ポリプの天敵／シスト／ミズクラゲとアカクラゲのポリプ／ポリプが主役のクラゲ

第4章 クラゲの出現カレンダー ………… 59
春のクラゲ／夏のクラゲ／秋のクラゲ／冬のクラゲ

第5章 刺すクラゲと刺さないクラゲ、そして猛毒クラゲ ……………………… 73
刺胞とは／毒のあるクラゲ－立方クラゲの仲間／クラゲの毒／その他の毒のあるクラゲ／刺さないクラゲ

| 第6章 | クラゲの魅力 ―クラゲはなぜ水族館の人気者になったのか ………………… 82 |

クラゲの水族館／美しいクラゲたち／クラゲの飼育

| 第7章 | どうやって生き残るか ―生きるための戦略 ……………………… 98 |

クラゲは何を食べるのか／クラゲを食べるクラゲ／クラゲの天敵／クラゲと他生物との共生関係／タコクラゲと褐虫藻の共生関係

| 第8章 | クラゲはなぜ大量に増えるのか … 116 |

ミズクラゲのパッチ／ミズクラゲの大量発生／大量発生が生態系に与える影響／エチゼンクラゲ大発生／消えたエチゼンクラゲの大量発生と今後

| 第9章 | 人間とクラゲの関係 ……………… 127 |

クラゲによる被害／クラゲの利用・効果／クラゲとエコツーリズム

| 第10章 | おわりに ―多様な生活史・形態が示すもの …… 142 |

あとがき …………………………………………… 145
付録 ………………………………………………… 148

第1章 クラゲとは？

　マンガやドラマの『海月姫（くらげひめ）』などでもおなじみのクラゲは、海月とも書くし、水母、暗気、久羅下というような漢字でも表されている。海の中に漂（ただよ）う月であったり、全身がほぼ水分なのでそのように表されたり、暗い海の深淵（しんえん）にひっそりと生息しているイメージでもある。確かに自然の海の中で出会うクラゲは気味悪がられたりもしているが、一方、水族館やアクアリウムでは、そのゆったりとした動きを見ているだけで癒（い）やされる存在でもある。なにかと邪魔者（じゃまもの）あつかいされる存在、でもなんだかほっとする存在、このような両面をクラゲはもち合わせているのだ。

　一般的（いっぱんてき）にクラゲ類というと、毒針を使って人体にダメージを与（あた）える、いわゆる毒をもったクラゲを指すことが多く、こういう動物をまとめて刺胞（しほう）動物と呼んでいる。刺胞とは毒針を備えた細胞（さいぼう）であり、これで他の動物を刺（さ）して麻痺（まひ）させ、動けなくなったところでエサとする。クラゲの他にもサンゴ、イソギンチャクなども刺胞を備えているので、刺胞動物の仲間に入る。毒針を刺して動けなくしてから食べる、だからクラゲのエサは動物がほとんどである。

　生物は生まれてから成長し、繁殖（はんしょく）によって子孫を残し、やがて死

亡する。この一生をまとめて生活史と呼ぶ。生活史の中で、クラゲの姿かたちは様々に変化していく。すなわち、クラゲにはクラゲとポリプという2つの形（世代）がある。クラゲとポリプの形はよく似ていて、クラゲを上下逆にして、頭の部分が岩などに付着した形がポリプである（図 1-1）。しかし、大きな違いは、クラゲが浮遊している世代で、ポリプは付着している世代ということである。実際、クラゲの大部分は流れにまかせて海中を漂うプランクトン（浮遊生物）として生活するのに対し、ほとんどのポリプは岩や貝殻などにくっついて生活している。すなわち、ここで説明したクラゲとポリプという呼び方は、クラゲ類という1つの生物の「クラゲの時期」と「ポリプの時期」という生活史の異なる2つの生活スタイルの名前なのである。

　ポリプは子どもをつくる（生殖という）際に自分そっくりのコピー（クローン）をつくる、すなわち無性生殖を行う。一方、クラゲは雄と雌の2つの性に分かれ、雄の精子と雌の卵が受精して子どもをつくる、すなわち有性生殖を行う。そのため、ポリプを無性世代、クラゲを有性世代ということもある。クラゲの生活史を考える場合、ほとんどの種類は、受精卵が海水中でプラヌラ幼生となり泳ぎだしたのち、ポリプに変態し

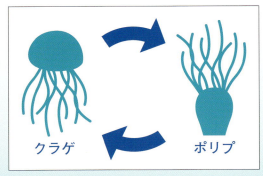

図 1-1　クラゲとポリプ

無性生殖によって個体数を増やし、その後クラゲに変態して、今度は有性生殖によって子孫を残していく。変態とは、無脊椎動物ではよく見られるが、発生から成長していく過程で体の形が変わっていくことである。なお、変態にともなって生活様式も変わることが多い。クラゲのように浮遊生活を送っていたプラヌラ幼生がポリプに変態して付着生活に変わり、ポリプからクラゲが離れて再び浮遊生活にもどるのは、生活様式が変わる典型的な例である。有性生殖を終えると、多くのクラゲは力尽きて死亡してしまう。すなわち、われわれがよく見るクラゲは、有性生殖のためにつくられたといってもいい世代であり、実はあまり目に触れることのないポリプの世代に無性生殖で多くの個体を増やしている。世間でクラゲがたくさん出た、と騒がれた時には、すでにその何十倍ものポリプが岸壁や海底などで大増殖しているのである。ただ、クラゲの生活史は種類によって様々なので、後ほどクラゲの種類とともに紹介したい。

クラゲの体

　種類によっては大きく異なるものもあるが、ここでは最もたいていなミズクラゲを例にして体のつくりを説明しよう。クラゲは英語ではjellyfish（ゼリー状の魚）という。つまり、クラゲの体はたいていゼリー状であり、約97％は水分である。そして体中にはりめぐらされた水管内を海水が循環している。つまり、クラゲの体はほぼ海水でできているといってもよい。そのため、きれいな海水に住んでいるクラゲは体もガラスのようにすき通っているが、残念なが

第1章 クラゲとは？

ら汚い海水中に住んでいるクラゲの体は海水と同じように濁っている。同じミズクラゲでも、ノルウェーのフィヨルドに住んでいるミズクラゲは本当にすき通った宝石のようで、ノルウェー語でglassmanet（グラスクラゲ）といわれるほどだ。クラゲはそのゼラチン質の傘を思いっきり動かして（拍動という）、泳いだり、エサを集めたり、海水を取り込んで呼吸したりしている。クラゲの傘は体の大部分を占めているが、種類によって様々な形がある（図1-2）。ミズクラゲのような比較的目につくクラゲの傘はたいていおわん形だが、実はそうでないクラゲの方がはるかに種類は多い。

その傘の部分を下から見てみよう（図1-3）。傘には先ほどちょっと触れたように、海水が流れている水管があり、中心部から放射状（時には枝状）に分かれている（放射水管）。この水管を通してクラゲは体内に栄養を運んだり老廃物を排出したりしている。まさにクラゲの血管である。では、その栄養をどうやって取り入れているの

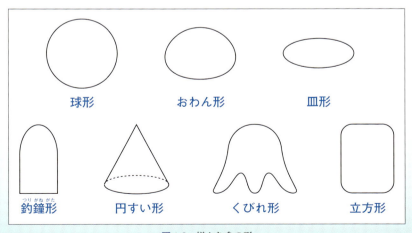

図1-2　様々な傘の形

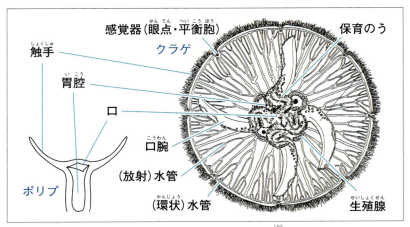

図 1-3　ミズクラゲの体のつくり（右：安田 徹（原図））

だろう？　これからクラゲの食事の仕組みを見てみよう。

　クラゲは何を食べているのか？　クラゲの水管の中をよく見てみると、植物プランクトンのようなものが流れていく。それならクラゲは植物食のように思えるが、植物プランクトンはもともと海水中に含まれているもので、海水とともに水管の中に取り込まれて、そのまま排出されるだけなのである。実際にクラゲを植物プランクトンだけ入れた海水中で飼育してみると、プランクトンの数は変わらず、全然食べられていないことがわかる。クラゲがエサとして利用しているのは動物プランクトンである。しかし、動物プランクトンは泳ぐし、時には逃げたりもできる。それを海水中でうまくエサとして食べるために、傘の拍動によって傘の後方に渦をつくり、そこに集まってきた動物プランクトンを捕らえるのだ。クラゲの体には傘の縁に生えている毛のような触手と呼ばれる部分にたくさんの刺胞がある。この刺胞には動物プランクトンがしびれる（ほとんど死

12

第1章 クラゲとは？

亡する）ほどの毒が含まれているため、動物プランクトンが刺胞に触れると瞬時に動けなくなったり死んでしまい、クラゲにエサとされてしまうのである。発達した口腕（人間の舌のような役割をする長く伸びた脚のように見えるもの）をもつミズクラゲの場合、しびれたエサを口腕に受けわたして口まで運ぶ（図 1-4）。エサは口の奥にある袋状の胃のような器官（胃腔）まで運ばれてそこで消化・分解され、

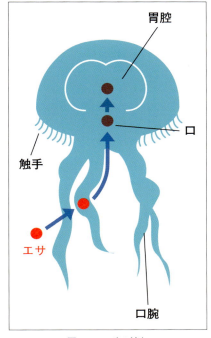

図 1-4　エサの流れ

栄養分は水管を通って体全体に運ばれる。消化されなかったエサは、肛門がないため、最終的に口までもどって糞として排出される。

　図 1-3 のミズクラゲの体をもう一度見てほしい。傘の縁には多くの触手が生えているが、一定間隔でくびれが入っていることも観察できる。このくびれ部分には、粒状のものが入った小さな袋が垂れ下がっている。これが感覚器と呼ばれるもので、光を感じるレンズ状の眼点や重力を感じる平衡胞など様々な感覚器からなる。この感覚器のおかげで、クラゲは重力を感じて遊泳することができ、また太陽などの光を感じて行動することができる。例えばアンドンクラゲが強い光を当てると光の方へ移動するのは、感覚器が発達してい

13

るためである。

　次にクラゲの生殖器官についてみてみよう。クラゲの時期には有性生殖を行うため、雌では卵、雄では精子が生殖巣内でつくられる。その生殖巣は、ミズクラゲでは胃腔の縁にあり、「∩」の形をしており、雌の生殖巣は雄に比べて比較的厚みがある。そこでつくられた卵や精子は、海水中に放出（それぞれ放卵・放精という）され、海水中で受精が行われたり（体外受精）、精子が雌の体内に侵入して受精が行われる（体内受精）。受精した卵は、やがて表面に無数の繊毛（細かい毛）を生やしたプラヌラ幼生となって、海水中に泳ぎだしていく。

　さて、ここまでは私たちがよく目にするクラゲの体の話であるが、次にもう1つの形であるポリプを解説する。ポリプの体もクラゲ同様にゼラチン質でほとんどは海水でできている。イソギンチャクのような形をしており、足盤（根元の吸盤のようなもの）で岩などに付着している。ポリプの構造はクラゲと比べると非常に単純で、ほぼ触手と胃腔だけで成り立っているといっても過言ではない。しかも、付着して動けないので、ぼーっと口を開けて、近くに来たエサを待つだけのハンターである。上からポリプを見ると、円形の中心部に口が開き、そのまわりを囲うように触手が生えている（図1-5）。エサはポリプの触手に捕まると口まで運ばれ、内部の胃

図1-5　ポリプ（上から）

腔内で消化・分解された後、再び口から糞として排出される。胃腔は単純なものでは1つの袋だが、複雑なものでは隔壁と呼ばれる仕切りにより4つに分かれており、上から見るとレンコンの断面のように見える。付着して泳がないため、光や重力を感じる感覚器は発達していない。ポリプは後に述べるように、出芽や分裂などでどんどん無性的に増殖していくため、たいてい集団（コロニー）を形成している。

クラゲの分類

　生物はそれぞれ同じような形（形態と呼ぶ）や性質をもつグループ（分類群）に分けられる。このグループ分けの作業・研究を分類学と呼んでいる。動物界で分類を見ていくと、最も上位に位置するグループを門といい、われわれヒトは、魚や鳥と同じ脊索動物門に属している。門の下に綱、目、科、属と続き、その下に種がくる。先に説明した通り、クラゲ類のうち刺胞のあるクラゲは刺胞動物門に属している。ただ、刺胞動物以外の生物にもクラゲ類と呼ばれるものがある。それは、有櫛動物門というまったく別のグループのクシクラゲ類である。これら2つはかつて腔腸動物門として1つの仲間にくくられていた。しかし、①刺胞動物門のクラゲ類には名前の通り刺（刺胞）があるが、クシクラゲ類に刺胞はない、②刺胞動物門のクラゲ類のほとんどの種類は海底などに付着するポリプの時期をもつが、クシクラゲ類は一部の例外的な種を除けば一生プランクトンとして浮遊生活を送りポリプの時期をもたない、③刺胞動物

表 1-1　刺胞動物と有櫛動物（一部例外あり）

	刺胞動物のクラゲ	有櫛動物のクシクラゲ
刺胞	ある	ない
ポリプ期	ある	ない
雌雄	異体	同体

門のクラゲは雌雄の区別があるが、クシクラゲ類は雌雄同体である、などの違いがあり、また体のつくりも大きく異なることから、現在では別々の分類群に分けられている（表 1-1）。つまり、クシクラゲは名前にクラゲとついているが、刺胞動物門のクラゲ類とは違う生物なのだ。しかし、クシクラゲ類の形が刺胞動物門のクラゲ類に似ており、また常に浮遊していること、ともにゼリー状のプヨプヨしたゼラチン質の体をもつことなどから、本書でもあつかっていくこととする。ただし、単純に「クラゲ」と書いてある時は刺胞動物門のクラゲを示し、有櫛動物門の場合は「クシクラゲ」と表記して誤解がないようにあつかっていく。

さて、刺胞動物門のクラゲはヒドロクラゲ（ヒドロ虫）綱、立方クラゲ（箱虫）綱、十文字クラゲ綱、鉢クラゲ（鉢虫）綱の 4 つの綱に分けられる。

A. 刺胞動物門

a. ヒドロクラゲ（ヒドロ虫）綱

6 つの目に分けられ、約 3500 種が知られている（表 1-2）。ヒドロクラゲ綱はクラゲ類の中で体のつくりが最も単純である（図 1-6）。口腕はなく、傘の内側中央から伸びた部分（口柄）の先に口が開いている種類が多い。また、傘の縁の内側には縁膜という単純

第1章 クラゲとは？

表 1-2 刺胞動物門のクラゲ（赤字は本書で登場した日本沿岸で観察される種類）

ヒドロクラゲ（ヒドロ虫）綱	
花クラゲ目	カツオノカンムリ、カミクラゲ、ギンカクラゲ、シミコクラゲ、タマクラゲ、ドフラインクラゲ、ハイクラゲ
軟クラゲ目	オワンクラゲ、ギヤマンクラゲ、コブエイレネクラゲ、コモチクラゲ、シロクラゲ、スギウラヤクチクラゲ、ヒトモシクラゲ
管クラゲ目	カツオノエボシ、タマゴフタツクラゲモドキ、ヒトツクラゲ
淡水クラゲ目	カギノテクラゲ、コモチカギノテクラゲ、ハナガサクラゲ、マミズクラゲ
剛クラゲ目	カッパクラゲ
硬クラゲ目	カラカサクラゲ
立方クラゲ（箱虫）綱	
アンドンクラゲ目	アンドンクラゲ、イルカンジクラゲ類、ヒクラゲ
ネッタイアンドンクラゲ目	オーストラリアウンバチクラゲ、ハブクラゲ
十文字クラゲ綱	
十文字クラゲ目	アサガオクラゲ
鉢クラゲ（鉢虫）綱	
冠クラゲ目	イラモ、クロカムリクラゲ、ムラサキカムリクラゲ
旗口クラゲ目	アカクラゲ、アマクサクラゲ、オキクラゲ、キタミズクラゲ、キタユウレイクラゲ、サムクラゲ、シーネットル類、ダイオウクラゲ、ミズクラゲ、ユウレイクラゲ
根口クラゲ目	エチゼンクラゲ、エビクラゲ、カラージェリー、サカサクラゲ、タコクラゲ、ヒゼンクラゲ、ビゼンクラゲ、ムラサキクラゲ

な構造の膜があるのも特徴である。胃腔は袋状の単純な構造で中を隔てるような仕切りがない。ヒドロクラゲのクラゲ期は他のクラゲに比べて非常に短く、主に雄と雌が出会い有性生殖を行うための時期であり、精子や卵を放出するとすぐに死んでしまう。

17

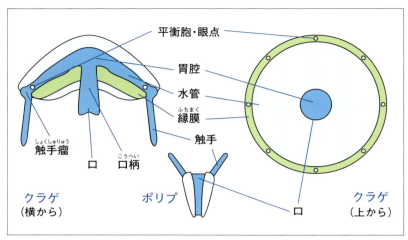

図 1-6　ヒドロクラゲの体のつくり

ヒドロクラゲの 6 つの目にはそれぞれ以下のような特徴がある。

- 花クラゲ目：傘はおおむね釣鐘形で、傘の縁に平衡胞をもたない。触手の基部に触手瘤というこぶが見られ、その外側に眼点がある。生殖巣は口柄上にある。ポリプ期がある。
- 軟クラゲ目：傘はおおむね皿形かおわん形で、傘の縁に平衡胞をもつ。触手瘤があり、眼点がある種ではその内側にある。生殖巣は放射状の水管上にある。ポリプ期がある。
- 管クラゲ目：群れをつくる群体性のクラゲ。傘に泡のつまった気泡体をもつものもいる。浮遊している一群は個虫と呼ばれるポリプに似たものの群体であり、それぞれの個虫は伸縮して遊泳するもの、食べ物を運ぶもの、繁殖を手伝うもの、攻撃に参加するものなど役割を分担し、これらが集まってひとつの社会のようなかたまりとなりハチやアリに似た集団生活をしている。
- 淡水クラゲ目：傘はおわん形、皿形、釣鐘形。触手瘤と眼点はな

 クラゲとは？

い。生殖巣は放射状の水管上にあることが多い。ポリプ期がある。淡水クラゲ目という名前だが海産の種類が多い。
- 剛クラゲ目：傘はおおむね釣鐘形で、傘の縁に多くのくびれがあり平衡胞をもつ。触手瘤、眼点、放射状の水管はない。生殖巣は胃腔上にある。外洋性で深海にも多く見られ一生を浮遊して生活し、ポリプ期をもたない。幼生期をクラゲ類に寄生して過ごすものも多い。
- 硬クラゲ目：傘の縁はなめらかだが平衡胞をもつ。触手瘤と眼点はない。生殖巣は放射状の水管上にある。外洋性で一生を浮遊して生活し、ポリプ期をもたない。

b．立方クラゲ（箱虫）綱

2つの目に分けられ、約50種が知られている（表 1-2：17 ページ）。

立方クラゲ綱の特徴は、名前の通り傘が立方形であり、強い毒をもった種類が多く属している。立方クラゲ綱の傘の縁の内側にも擬縁膜という膜があり、水管が入り込んでヒドロクラゲより複雑な構造になっている。胃腔は壁で仕切られ4つに分かれている。触手の基部には葉状体と呼ばれるふくらみがある（図 1-7）。

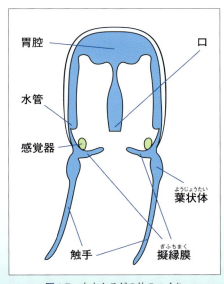

図 1-7　立方クラゲの体のつくり

岩などにくっつくポリプは非常に小型である。

それぞれの目の特徴は以下の通りである。

- **アンドンクラゲ目**：胃腔は単純な構造で、原則として触手は 4 本。
- **ネッタイアンドンクラゲ目**：一般に胃腔は複雑で袋状のくぼみがあり、多数の触手をもつ。

c. 十文字クラゲ綱

十文字クラゲ目のみで構成され、約 50 種が知られている（表1-2：17 ページ）。かつては次に述べる鉢クラゲ綱の仲間に含まれていたが、現在は十文字クラゲ綱として新たに独立した綱に分けられるようになった。十文字クラゲは、ポリプからクラゲが離れて遊泳することはなく、付着しているポリプ部分にそこから離れようとしたクラゲが離れきれずに残ったような状態になっている（図1-8）。その下部の足盤で付着はしているが、そんなに強力にくっついているわけではなく、足盤を動かしてゆっくり移動することもできる。十文字クラゲの仲間を横からではなく傘の上部分からながめると、あたかも漢数字の「十」つまり十文字のように見えることから「十文字クラゲ」と名付けられた（図 1-9）。

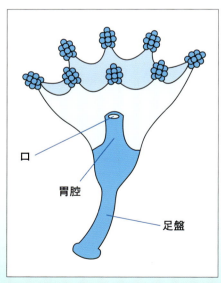

図1-8　十文字クラゲの体のつくり

第1章 クラゲとは？

図 1-9　上から見た十文字クラゲの仲間（提供：新江ノ島水族館）

d. 鉢クラゲ（鉢虫）綱

　3つの目に分けられ約200種が知られている（表1-2：17ページ）。くり返し大量発生が起きるクラゲ類は、ほとんど鉢クラゲ綱に属する種といっていい。また、この仲間は動物プランクトンを大量に食べるため、海の中の食う－食われるの関係の中でも重要な役割を果たしている。さらに、鉢クラゲ綱にはクラゲ期に大型のものが多く、大型クラゲと呼ばれるのはだいたいこの仲間である。傘の形態は球形またはおわん形で、傘の縁に8本以上の触手があり、また口の周辺に口腕が4本ある。わかりやすくいえば、4つに区切られた袋（胃腔）の中心から4つの腕が伸びている形である（図1-3：12ページ）。

　鉢クラゲ綱の生活史は、クラゲ類の中では最もよく解明されている（図1-10）。受精卵の表面に多くの繊毛が生えることで浮遊性のプラヌラ幼生へと変わり、次第に泳ぐことをやめポリプとして付着（着底）する。その後、体にくびれができ、お皿を重ねたような状態となり（ストロビレーション）、やがて一枚一枚のお皿はポリプ

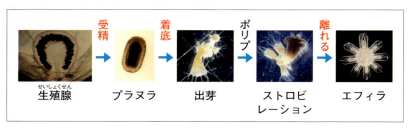

図 1-10　ミズクラゲの初期生活史

から離れて深くくびれたようなクラゲ型のエフィラ幼生となり、水中へゆらゆらと泳ぎだしていく。

それぞれの目の特徴は以下の通りである。

- 冠クラゲ目：傘は皿形か円すい形。傘の途中にリング状の溝があり冠をかぶったような形態をしている。傘の縁に大きなくびれがあり、感覚器や触手がある。
- 旗口クラゲ目：傘はおわん形か皿形。傘の縁にくびれがあり感覚器や触手がある。傘の内側中央に口があり、そのまわりに 4 本の口腕が発達している。
- 根口クラゲ目：傘は球形かおわん形。傘の縁にくびれがあり感覚器はあるが、触手はない。傘の内側中央の口は閉じており、周囲の口腕上にエサを吸引して捕らえるための多くの孔（吸口）が開いている。

B. 有櫛動物門

有櫛動物（クシクラゲ類）は約 200 種が知られている（表 1-3）。クシクラゲの傘の形は球形や楕円形が多い。傘（体）の下の方に口が開き、ほとんどの種類が 2 本の触手をもっており、左右対称に近い形をしている。クシクラゲの最も大きな特徴は、体の表面を縦

第1章 クラゲとは？

に走る櫛板列である（図1-11）。この櫛板の一つひとつには名前の通り櫛の歯のような板が並んでおり、光に反射すると虹色に輝き非常に美しいことから、水族館などではとても人気がある。この櫛板の繊毛を順々に波打つように動かすことで泳いでいる。このように繊毛の力によって遊泳する生物としては、ゾウリムシなどの肉眼では見えない微小な生物がほとんどで、クシクラゲは繊毛を動かして泳ぐ生物としては世界最大級なのである。

表1-3 有櫛動物門のクラゲ（赤字は本書で登場した日本沿岸で観察される種類）

アカカブトクラゲ、ウリクラゲ、オビクラゲ、カブトクラゲ、キタカブトクラゲ、コトクラゲ、フウセンクラゲ、ムネミオプシス・レイディ

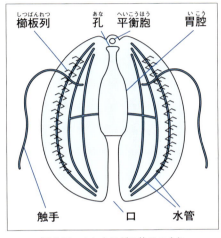

図1-11 クシクラゲの体のつくり

　クシクラゲは海にしか生息せず、また刺胞動物と異なりポリプ期がないため、一部を除いてほとんどが一生を浮遊生活で終える。また、1つの個体に雄と雌の両方の生殖巣をもつ雌雄同体であり、同じ個体が精子も卵もつくって、それらが海水中に泳ぎだして受精する。受精卵は付着することなく海中を漂い続け、ふ化した後、成体とほぼ同様な形となる。クシクラゲの体は同じゼラチン質でも刺胞動物のクラゲ類と異なり、非常にもろくて壊れやすく、網などですくうとすぐ崩れてしまう。

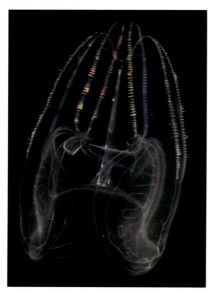

図 1-12　キタカブトクラゲ（全長 10 〜 20 cm）

図 1-13　ウリクラゲ（全長 10 〜 15 cm）

　クシクラゲの摂餌方法は大きく分けて2つあり、触手のあるオビクラゲ、カブトクラゲ、キタカブトクラゲ（図1-12）、フウセンクラゲなどは、触手を用いてエサを捕まえる。一方、触手のないウリクラゲ（図 1-13）などは口を大きく開いてエサを丸呑みにする。食べられたエサは胃の中に入って消化される。胃は漏斗のような構造をしており、エサは口とは反対側に伸びている水管にも運ばれ、一部の老廃物はそこに開いている小さい孔から排出される。胃のまわりには他にも水管が伸びており、水管内でエサの消化・吸収が行われる。口と反対側には、重力を感じる平衡胞がある。

第2章 クラゲの多様な一生

　クラゲは実に多様な生活史をもっている。前の章ではクラゲとポリプという2つの形を紹介したが、その他にも様々な生活スタイルがある。例えば、ポリプやエフィラが休眠（冬眠のような仮死状態をいう）したり、雄と雌がいて有性生殖のできるクラゲになってからもポリプと同じく体の一部からクラゲが出てきたり、さらに有性生殖の時だけ本体から離れたりと本当に様々だ。ここでは刺胞動物のヒドロクラゲ、立方クラゲ、十文字クラゲ、鉢クラゲ、有櫛動物（クシクラゲ）の順番で、代表的な種類を中心にその多様な一生をみていく。

ヒドロクラゲ綱

　ヒドロクラゲはクラゲ類の中でも最も多様性に富む一群だ。そのため生活史も実に多様で、いろいろな形に変わることで様々な環境下に対応して生きようとしている。

●シロクラゲ—植物のように根、茎、花をつけてクラゲを産む

　シロクラゲ（軟クラゲ目）は、主に北の海で見られる美しい白色のクラゲだ。有性生殖の後、付着したプラヌラはポリプに変態してコロニーを形成する（図 2-1）。コロニーとは、同種の生物が集団で生活する場だが、集団でいると繁殖の機会が多くなることや、外

25

図 2-1　シロクラゲ・オワンクラゲの生活史

敵の侵入を防ぎやすいなどのメリットがある。シロクラゲのポリプは根元の走根（ヒドロ根）によってつながっていて、そこから茎（ヒドロ茎）が分かれて立ち上がり、茎の先端部分に触手に囲まれた口が開いている。この部分がヒドロ花と呼ばれエサをとる役割をもつ。そこで得られた栄養は、ヒドロ茎やヒドロ根を通じてポリプ全体に行きわたる。ヒドロ茎の一部の枝分かれしている部分をクラゲ芽と呼ぶ。クラゲ芽では無性生殖でクラゲをつくり、1～4個体の小さなクラゲが透明な袋内につまっている。それらがやがてクラゲ芽から離れてクラゲとなり海水中に泳ぎだしてゆく。その後成熟して有性生殖を行う。

　このような生活史は、同じヒドロクラゲ綱の花クラゲ目や軟クラゲ目のほかハナガサクラゲなどの淡水クラゲ目でも観察される最も一般的なものである。

第2章 クラゲの多様な一生

●スギウラヤクチクラゲ—クラゲになったら真っ二つ

かつてヤクチクラゲといわれていたが、最近学名が変わってスギウラヤクチクラゲ（軟クラゲ目）（図2-2）となった。ポリプはシロクラゲなどと同じような生活史だが、クラゲになるとなんと体を2つに分裂させて増えていく。オワンクラゲ（軟クラゲ目）の

図2-2 スギウラヤクチクラゲ（傘径（傘の大きさ）0.5 cm）

仲間にも同様にクラゲになってから分裂する種類がいる。また、海藻や岩の上などを這うクラゲとして知られているハイクラゲ（花クラゲ目）（104ページ）の仲間も体を分裂させて増えていく。

●カツオノエボシ—役割別の個体の集合体

台風の後などに海岸近くに襲来するカツオノエボシ（管クラゲ目）は、一見すると他のクラゲ類とはまったく違った形態をしており、風船のように海表面に出ている青い気泡体から一本の管が伸びた形をしている（図2-3）。この気泡体から出ている管を通じて老廃物が運ばれたり、栄養分などが体のすみずみまで行きわたるところから、カツオノエボシの仲間を管クラゲと呼ぶ。有性生殖後に生じたプラヌラの一端には口が生じて、エサをとるためのポリプのような個虫（栄養体）がまず形成され、反対側の端では浮き袋のような気泡体が作られる。その後、気泡体から下に体幹が伸び、体幹の表面にさらに多数の個虫ができる。このような生活史はカツオノエボシ

27

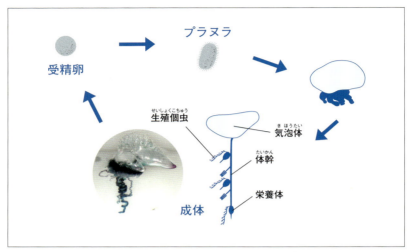

図 2-3 カツオノエボシの生活史（写真はウィキペディアより）

図 2-4 管クラゲの仲間（タマゴフタツクラゲモドキ）
（傘径 0.2 〜 0.5 cm）

を含む管クラゲ目に共通した特徴である。個虫にはそれぞれ違った役割があり、栄養を摂取するものや、生殖機能をもつものなど生活を分担している。そうした個虫が互いにくっついて1つの大きな個体のようになり、やがて生殖機能を担う個虫から精子と卵が放出されて有性生殖が行われ受精卵が生産される。東京湾などで多く見られるヒトツクラゲやタマゴフタツクラゲモドキ（図 2-4）（管クラゲ目）には気泡体はなく、その代わりに傘の形をした泳鐘をもっており、これを拍動させて遊泳する。

第2章 クラゲの多様な一生

● **カギノテクラゲ**—フラステュールで増える

　海藻の表面などにくっついて潜（ひそ）んでいる猛毒（もうどく）のクラゲがカギノテクラゲ（淡水クラゲ目）で、生活史は以下の通りである（図 2-5）。有性生殖でできた受精卵はすぐにプラヌラ幼生に変態し、適当な場所に付着してポリプとなる。付着したポリプの一部からは、フラステュールと呼ばれるソーセージのような形の組織が出芽（しゅつが）して、ポリプから離れる。フラステュールは、ミミズのように縮んだり伸びたりしながら海藻などの上を数日間這い回り、再びポリプとなる。フラステュールは多い時には1日3個体以上つくられることもあり、カギノテクラゲにとって最も重要な生殖方法である。

　ある時期になるとポリプからクラゲ芽が出て、そこでつくられたクラゲの赤ちゃんがポリプから離れ、やがて成体のクラゲとなる。一方、残されたポリプはそこで死んでしまうのではなく、形が崩（くず）れ

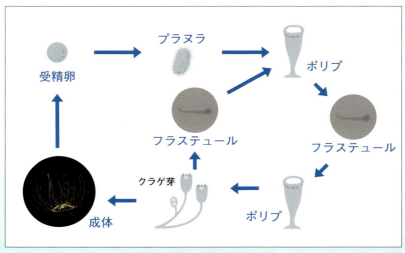

図2-5　カギノテクラゲの生活史

て再びフラステュールとなって這い回った後、もう一度ポリプに再生される。

　同じ淡水クラゲ目の仲間で次に示すコモチカギノテクラゲや淡水に生息するマミズクラゲもフラステュールをつくる。

●**コモチカギノテクラゲ**－クラゲになってもクローンで増える

　コモチカギノテクラゲ（淡水クラゲ目）はカギノテクラゲとよく似た形態で、海藻にくっついて生活するところなど共通点も多いが、より小型で生活史も異なる（図2-6）。受精卵から変態したプラヌラ幼生は着底すると一部はポリプになるが、大部分はまずフラステュールになる。そして、フラステュールは移動しながら付着場所を探し、ポリプとなる。ポリプからはカギノテクラゲと同様にフラステュールが出て、再びポリプとなる。そこにクラゲ芽が生じ、成長とともにクラゲが離れ成体クラゲとなる。

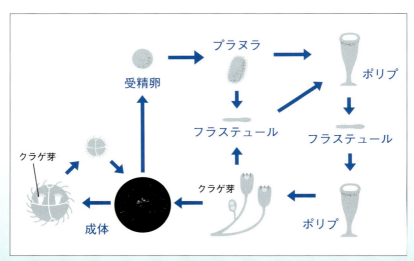

図2-6　コモチカギノテクラゲの生活史

第2章　クラゲの多様な一生

　さらに、成体のクラゲになってからも、傘の内側に再びクラゲ芽を形成して無性生殖で多数のクラゲを離れさせるのがコモチカギノテクラゲの特徴である。「子持ち」という名前の通り、クラゲ芽から多数のクローンであるクラゲが親クラゲにぶら下がっているのを見ることができる。カギノテクラゲの無性生殖の場はポリプ期のフラステュールだけであるが、コモチカギノテクラゲではそれに加えてクラゲ期でも無性生殖の機会がある。そのためクラゲになってからのコモチカギノテクラゲの個体数の爆発的な増加はすさまじい。やがて水温が十分に高くなると、コモチカギノテクラゲはクラゲをつくるのをやめ、有性生殖を始め受精卵をつくる。また、この時期にポリプから離れてクラゲになったコモチカギノテクラゲは、「子持ち」のクラゲはつくらずに、直接有性生殖を行って受精卵をつくり、次世代へとつながっていく。

　同じヒドロクラゲ綱で花クラゲ目のシミコクラゲやタマクラゲの仲間、軟クラゲ目のコモチクラゲもコモチカギノテクラゲと同様にクラゲになってもクラゲをつくる。これらのクラゲについては後ほど詳しく触れる。

● **カラカサクラゲ**—ポリプをもたないクラゲ

　カラカサクラゲ（硬クラゲ目）はポリプ期をもたず、一生を通じて浮遊している代表的なクラゲだ（図 2-7）。受精して海水中に放出された受精卵は、一時的にプラヌラ幼生に触手が生えてきてアクチヌラ幼生という成長段階を経る。アクチヌラ幼生は、そのまま浮遊しながらやがてクラゲ型の成体に変態する。時として大量に出現し、東京湾や相模湾などでも秋から冬にかけて濃密な群れが観察さ

31

れる。

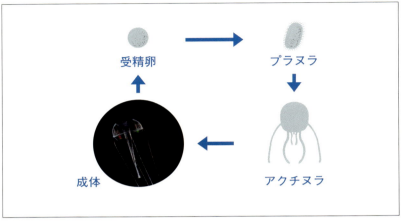

図 2-7　カラカサクラゲの生活史

> **もっと知りたい！**
>
> ### アクチヌラ
>
> アクチヌラは刺胞動物の生活史の一部に見られる特別な形態で、プラヌラの片方に口が開き、体の側面から数本の触手が生えている（図）。ポリプを経ずにクラゲになる剛クラゲ目や硬クラゲ目によく見られ、プラヌラの側面に触手が生えてくるとアクチヌラとなり、やがてクラゲへと変態する。一方、付着して生息している花クラゲ目のアクチヌラは、口の反対面で付着したり、海底を這い回ったりしながら、やがてポリプへと変態する。
>
>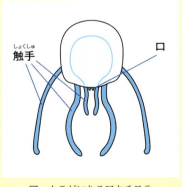
>
> 図　クラゲになるアクチヌラ

第2章 クラゲの多様な一生

 立方クラゲ綱

　立方クラゲの生活史はポリプの飼育が非常に困難だったため不明な点が多かったが、最近一部の種類で明らかになってきている。

●**アンドンクラゲ**—ポリプがそのまま海のハンターに

　アンドンクラゲ（アンドンクラゲ目）は猛毒をもつ海のハンターだ。特にお盆過ぎに海に入る場合は注意しないといけない。アンドンクラゲの生活史は以下の通りである（図 2-8）。卵は夏から秋にかけて成熟し、9月ごろから雌による産卵が始まる。産卵は成熟した卵を一度に放出するため、抱卵数が産卵数と同数になる。受精は雄と雌からそれぞれ精子と卵が放出されて行われる、いわゆる体外受精である。受精卵はプラヌラ幼生となって数日間の浮遊生活の後、岩などに付着してポリプとなる。ポリプは出芽による無性生殖を行いながら成長する。そして、ある時期になるとポリプそのものが岩

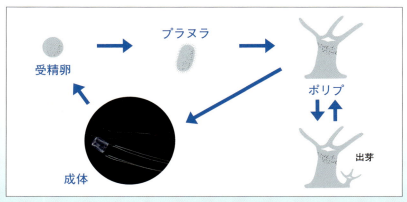

図2-8　アンドンクラゲの生活史

33

などから離れてそのまま子どもの「稚クラゲ」となる。ポリプが離れた後の岩の上には、ポリプの痕跡などは残らない。

十文字クラゲ綱

●アサガオクラゲ－泳ぎだせなかったクラゲ

アマモなどの海草にくっつくのがアサガオクラゲ（十文字クラゲ目）だ。生活史は他のクラゲ類とかなり異なっている（図2-9）。受精は体外受精で、できた受精卵はすぐにプラヌラ幼生に変態する。ただ、このプラヌラ幼生は他のプラヌラと異なり、繊毛がないため泳ぐことができない。そこで、フラステュールのように海底を這い回り、やがて岩や海草などの気に入った場所に付着するが、ほとんどの場合シストとなる。シストとは、生物がみずからの体の一部を

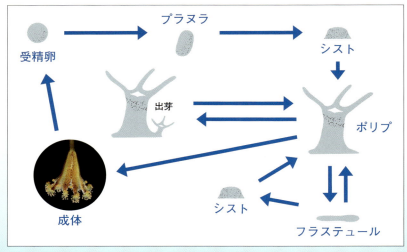

図2-9　アサガオクラゲの生活史

第2章　クラゲの多様な一生

厚い殻で包み、植物の種（タネ）のようになって発芽の時期を待つ状態（休眠と呼ぶ）をいう。つまり、シストは周囲の環境が成長するうえで都合がよくなると発芽してポリプとなる。ポリプは出芽による無性生殖を行いながら成長していく。

　一方、ポリプからはフラステュールができることもあり、フラステュールは自身が分裂したりそのまますぐシストにもどってしまうこともある。やがてポリプの先端部分が変化し、その部分がクラゲとなり、成熟して有性生殖を行う。すなわちポリプから離れることなく、海を浮遊することもなくクラゲとなり、成熟して有性生殖を行う。付着部分はポリプ、先端部分の口を開けているところはクラゲというまったくクラゲらしからぬクラゲなのである。

鉢クラゲ綱

　鉢クラゲはエフィラという独特の形態の幼生になってからクラゲになる。この仲間には大量発生するクラゲが多いことから、生活史の解明は非常に重要である。

●ミズクラゲ─ポリプの出芽とストロビレーションで大増殖

　ミズクラゲ（旗口クラゲ目）の生活史（図 2-10）にはいろいろなパターンがあるが、ここでは東京湾などの沿岸域で見られるごく一般的な生活史を解説する。まず、雄から放精された精子と雌の卵巣から離れた成熟卵が雌の口腕基部などで出会い、くっつくことによって受精する。受精卵は次第に繊毛をもった円形のプラヌラとなって、雌の傘の下や口腕上のくぼんでいる部分（保育のう）内に

35

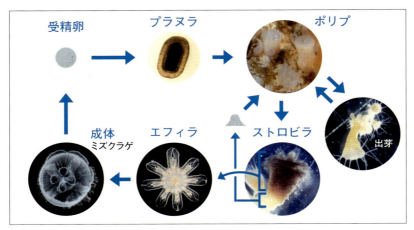

図 2-10　ミズクラゲ・ユウレイクラゲの生活史

付着する。受精・産卵が行われる季節は、世界各地の海域で様々だが夏季が多い。放精・放卵を終えたミズクラゲは、次第に縮んで死亡する。よく海岸や河口などで観察されるクラゲの大部分はこのような縮小・死亡の時期にあるもので、実は元気な個体は沖合で非常に濃密な群れをつくって積極的に遊泳している。

　一方、プラヌラは雌の保育のう内で約1週間過ごした後に海水中に泳ぎだし、翌日までには貝殻・岩盤・護岸などの適当な場所に付着し、変態してポリプになる。ポリプは出芽によって無性的に増殖していく。ここまでは他と似ているが、以降が大きく異なってくる。冬季に海水温が低下してくると、ポリプの体にいくつものくびれが生じてお皿を重ねたような形（横分体（ストロビラ）という）となり、ストロビレーションを行うからだ。

　ストロビレーションによって生じるお皿の数は、ポリプ1個体当たり10枚以上にもなる。春季になると、お皿が横分体から次々

第2章　クラゲの多様な一生

と切り離されて 1 枚 1 枚がエフィラ幼生となり、クラゲ期に入る。すべてのエフィラが離れた後に残された根元部分のポリプは、環境の条件が良ければ植物の芽のように再びそこから成長・増殖をくり返し、ストロビレーションを行い、いわば半永久的に生存し続ける。ポリプから離れた直後のエフィラの直径は 3 〜 4 mm だが、急激に成長して 1 カ月後には約 1 cm の稚クラゲとなる。やがて夏季までに成熟し、東京湾では 20 cm 前後の成体クラゲとなる。

　ユウレイクラゲなどもミズクラゲと同じような生活史をもつ。

もっと知りたい！

ミズクラゲの産卵

　ミズクラゲの産卵数は長い間不明だった。それは単純に雌についている卵の数（生殖巣内の未受精卵）やプラヌラの数を数えればいいというわけではないからである。雌は成熟するとどんどん卵をつくり精子がくると受精し次々とプラヌラとして雌の体から離れていく。すなわち連続的に産卵するので、一時的な卵やプラヌラの数では意味がない。ただ、卵の発達時間を成長段階（ステージ）ごとに測定すれば、成長を見積もり、時間当たりの産卵数が推定できる。このようにして実験した結果、ミズクラゲの産卵数は春から夏にかけて水温とともに上昇して、夏季には 1 個体当たり 1 日に 4 万個以上産卵することがわかった。そして、1 個体の雌が約 500 万個の卵を一生のうちに産むことがわかった。このうちミズクラゲの卵が受精する確率は約 30％ なので、雌 1 個体当たりおよそ 150 万個体のプラヌラを一生涯に海水中に離れさせていることになる。ただ、それだけ産卵しても、ポリプとして付着するのは 0.001％ 程度である。

図　ミズクラゲの卵巣
∩字形に見える 4 つの卵巣の 1 つ

● **アカクラゲ**—歩きながらシストをつくって増えるポリプ

　ミズクラゲと並んでポピュラーなクラゲがアカクラゲ（旗口クラゲ目）である。生活史を図 2-11 に示す。体外受精でできた受精卵はプラヌラ幼生となって、浮遊生活を送った後に 1 週間くらいで岩などに付着する。アカクラゲのポリプは、ポドシストという休眠細胞をいくつもつくることが特徴である（図 2-11）。

　ポドシストとは殻をもつシストに似たようなもので、ポリプが移動した後に残された足跡のような細胞のことをいう。アカクラゲのポリプの場合、無性生殖でポドシストをつくり、その殻が破れて再びポリプが出てくる（脱シスト）ことによって増えていく。脱シストしたポリプは、獲得したエネルギーのほとんどをストロビレーションに費やし、できるだけ多くのエフィラを離れさせようとする。エフィラはやがて稚クラゲ、成体クラゲへと成長し、初夏には傘径（傘の大きさ）15〜20 cm にもなる。

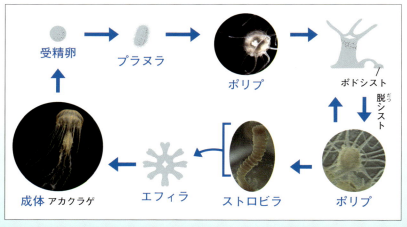

図 2-11　アカクラゲ・エチゼンクラゲ・ビゼンクラゲの生活史

大型クラゲのエチゼンクラゲや、食用になるビゼンクラゲなども同じような生活史をもつ。

●**オキクラゲ**—プラヌラから直接エフィラになるクラゲ

日本ではあまりなじみはないが、地中海などでよく出現するのがオキクラゲ（旗口クラゲ目）だ。生活史は他のどのクラゲよりも単純だ（図 2-12）。放卵・放精により受精した卵はやがてプラヌラに変態する。プラヌラは数日で直接エフィラに変態して成体クラゲとなる。すなわち、ポリプ期をもたずに一生浮遊生活を行う。ポリプ期は無性生殖によって簡単に個体数を増加させる絶好の機会であるが、オキクラゲにはない。岩や海藻にくっつくポリプ期をもたず、海岸から離れた外洋で一生を過ごすことは、天敵の多い沿岸域でポリプやエフィラ期を過ごすことと比べると、食べられる危険を減らすという意味から生き残るうえで利点があるのかもしれない。

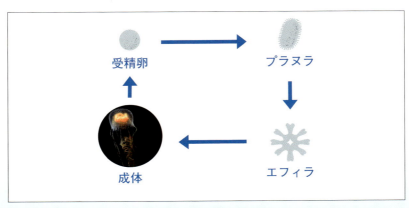

図 2-12　オキクラゲの生活史

●**タコクラゲ**—大きなプラヌラ（プラヌロイド）

タコクラゲ（根口クラゲ目）は亜熱帯から熱帯域に生息し、体内

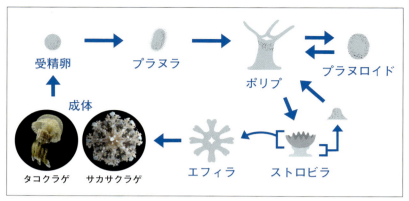

図 2-13 タコクラゲ・サカサクラゲの生活史

に藻類をいっしょに住まわせている（共生と呼ぶ）（図 2-13）。放卵・放精で受精した卵は球形から次第に楕円形となり、細かい繊毛の生えたプラヌラ幼生へと形を変えて、雌の口腕上やその付近に付着する。その後、プラヌラ幼生は海水中に泳ぎだし、1〜2週間程度で貝殻・岩盤・護岸などに付着してワイングラスのような形のポリプになる。

　ポリプは成長すると体の一部にこぶをつくり、そのこぶがやがてポリプ本体から切り離され海水中へと泳ぎだす。これは繊毛をもちプラヌラに似ていることからプラヌロイドと呼ばれるが、プラヌラより数倍大型であり、肉眼でも観察できる。プラヌロイドは1〜2週間ほど遊泳生活を送った後、貝殻・岩盤・護岸などに付着して再びポリプとなる。このポリプは春から夏にかけて水温が上昇するとストロビレーションするが、生じるお皿の数はポリプ1個体当たり1枚で、1個体のストロビラからは1個体のエフィラしかできない。エフィラが離れた後のポリプの根元は残り、またポリプにな

第2章　クラゲの多様な一生

ることもある。海中に泳ぎだしたエフィラは、成長して9月ごろには10 cm以上の成体となり、11月過ぎには受精を終えて一生を終える。

亜熱帯・熱帯域に生息するサカサクラゲも同様な生活史をもつ。

有櫛動物（クシクラゲ）門

クシクラゲの仲間は刺胞動物ではなく有櫛動物なので、これまで述べてきたクラゲ類とはまったく異なった生活史をもつ。

●カブトクラゲ―変態しないクラゲ

沿岸域でよく観察される代表的なクシクラゲがカブトクラゲである。カブトクラゲの大きな特徴は、雄と雌の両方がいる刺胞動物のクラゲとは異なり、雌雄同体であることだ。1つの個体が精子と卵の両方を海水中に放出して体外で受精する（図2-14）。受精卵は、ふくらんだ風船に2本の触手をもつような幼生になる。その後、海表面を漂いながら成長し、だいたい半月から1カ月程度で成体

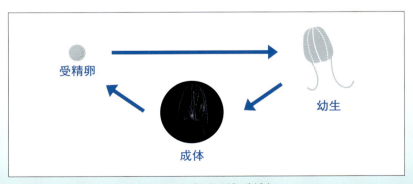

図2-14　カブトクラゲの生活史

41

となる。すなわち、クシクラゲはクラゲ（刺胞動物）のポリプのようなどこかに付着する期間をもたず、形もあまり変わらずに一生泳いで生活し、子孫を残す。

　成体はエサがある限り貪欲に摂餌し、どんどん卵を産んでいく。エサがなくなると体は一時的に縮小するが、またエサが増えたら回復して卵を産み続ける。こうしてカブトクラゲは個体数を急速に増加させているのである。

　沿岸域のクシクラゲとして他に触手のないウリクラゲ（図 1-13：24 ページ）がいるが、彼らの生活史もカブトクラゲとほぼ同様である。

　さて、クラゲの生活史がわかったところで、次の章では、クラゲのもう 1 つの形、ポリプについてみていこう。

第3章 クラゲのもう1つの姿
—ポリプ・シスト

 プラヌラからポリプへ

　受精が終わり、雌から離れたミズクラゲのプラヌラは、だいたい翌日あるいは24時間以内には適当な場所に付着する（図3-1）。プラヌラははじめ底に向かって泳ぐが、数時間経つと海表面に向かうため、海上に浮かぶ橋や桟橋などの構造物の裏面に付きやすい。また、付着する面はツルツルのプラスチックなどよりも、ある程度ザラザラな方がよい。そのため、そこに生息している貝殻、フジツボやムラサキイガイの殻などに付きやすい。ただし、生きているムラサキイガイの近くでは逆に殻内に吸い込まれてしまう。また、海藻ややわらかい泥などには付着しない。この付着行動は、驚くべきことに海水中の酸素がなくなるなど環境が悪化することによって促進される。すなわち、泳ぐのをやめて付着することで、呼吸などによる酸素の消費を抑えようとするのだ。このようにプラヌラは、環境の変化にいち早く適応する優れた能力をもっている。付着したプラヌラは直ちにポリプに変態する。

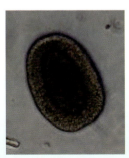

図3-1　ミズクラゲのプラヌラ（全長 約0.2 mm）体表面の繊毛を動かして遊泳する

43

> もっと知りたい！

プラヌラの付着を制御する

　プラヌラの付着を防ぐことができればクラゲの大量発生も起きないはずである。現在、付着を防ぎ、なおかつ環境にやさしい物質探しも進んでいる。例えば、亜熱帯海域に住むマクリ（海藻）から取り出した物質がプラヌラの付着阻止に絶大な効果があることがわかった（図）。マクリの付着阻止物質はカイニン酸が主成分で、昔から体内の寄生虫を殺すための虫下しとして用いられてきた。付着を防ぐ塗料としてこれまでは人工の化学物質が使われてきたが、代わりにマクリを用いることができれば、環境にもやさしい新たな物質として利用の道が開けるのではないだろうか。

　ただそれでも、堤防や橋、浮き桟橋、港に停泊している船舶などの人工構造物が増え続ければ、それらがミズクラゲのプラヌラにとって絶好の付着場所となることに変わりはない。

図　プラヌラの付着阻止効果
左側が何もぬらなかったガラス面、右側がマクリからの抽出物をぬったガラス面。白い点のようなものがプラヌラが付着したポリプで、抽出物をぬると、ほとんど付着しなかったことがわかる

ポリプの育つ場所

　海で浮いているクラゲを見ることはあるが、岩などに付着しているポリプを見たことがある人は少ないのではないだろうか？　ポリプはどんなところに住んでいるのだろうか？　ミズクラゲを例に

第3章　クラゲのもう1つの姿－ポリプ・シスト

とってみる。海岸の岸壁をざっと見ても、フジツボやムラサキイガイ、マガキなどの貝類でびっしりとおおわれていて、ポリプは見つけられないだろう（図3-2）。それでは今度は潜ってみよう。ミズクラゲのポリプのコロニーが最も多く見られる場所は、実は人工物が多く、特に前述したように浮き桟橋や船の底面である（図3-3）。また、船の底に付いたムラサキイガイなどは、大きく成長すると自分の重さではがれ落ちてしまう。その空いた空間

図 3-2　お台場の橋脚
多数のムラサキイガイ、フジツボなどが群生している

図 3-3　東京湾の台場に係留してある浮き桟橋の裏面で観察されたポリプコロニー
白色は通常のポリプ、オレンジ色はストロビレーション中のポリプ

にプラヌラは付着する。さらに、底近くの酸素がとても少ない（貧酸素）場所にも、貧酸素に強いポリプは付着している。ここにも他の付着生物のいないすき間空間があるのだ。

　季節的には、春から夏にかけての付着生物の活動が活発な時期が過ぎて、秋から冬にかけて新しくプラヌラが産み出される季節の方がポリプコロニーは発達する。そして寒い冬になると、ポリプは次々と美しいオレンジ色のストロビラへと成長する（図3-3）。

もっと知りたい！

貧酸素水塊

　海に窒素やリンなどの栄養塩が大量に増えることで富栄養な状態になると、植物プランクトンが大発生して赤潮になる。そして、それらの植物プランクトンが大量に死んで海底付近で腐る時に海水中に溶け込んでいる酸素が消費されて、その付近の海水は生物の住めない酸素の少ない環境となる（図1）。この現象を貧酸素化といい、クラゲ類の増大とも関係があるのではないかといわれている。

　アメリカ東部に位置し周辺に大都市が多く人口が集中しているチェサピーク湾（図2）は、典型的な富栄養化が進んだ内湾域で、海底付近には非常に大規模な酸素の少ない水の塊（貧酸素水塊）がある。貧酸素水塊では、動物プランクトンや魚類などは呼吸ができず生息できなくなる一方、それらを捕食するクラゲ類にはあまり影響しないのである。逆に貧酸素水塊内では、クラゲ類のエサとなる生物たちの動きが鈍くなるなど、それらを捕まえるクラゲにしてみればさらに有利な環境になる。また、付着生活するポリプも貧酸素に対して耐えることができ、他の生物などが生息

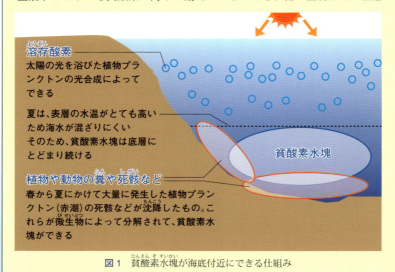

溶存酸素
太陽の光を浴びた植物プランクトンの光合成によってできる

夏は、表層の水温がとても高いため海水が混ざりにくい
そのため、貧酸素水塊は底層にとどまり続ける

植物や動物の糞や死骸など
春から夏にかけて大量に発生した植物プランクトン（赤潮）の死骸などが沈降したもの。これらが微生物によって分解されて、貧酸素水塊ができる

貧酸素水塊

図1　貧酸素水塊が海底付近にできる仕組み

第3章　クラゲのもう1つの姿−ポリプ・シスト

できないような底近くの貧酸素水塊内でも繁殖できる。クラゲ類があまり酸素を使わずに生きることができるのは体内のゼラチン質に酸素が多く蓄積されているからともいわれている。

このように、富栄養化を引き起こすと同時に貧酸素

図2　アメリカ東海岸にあるチェサピーク湾

水塊を生じさせるような海の環境変化が、全世界的な規模でクラゲ類の大量発生を引き起こすきっかけとなっていると考えられる。いわゆる魚類を中心とした「健全な」生態系では、クラゲ類は決して大量発生しないが、一度そのバランスが崩れるとクラゲは劇的に増大して生態系を変えてしまうだけの能力をもっているのである。

 ポリプのエサ

　ポリプが天然海域で何を食べているかについては、実はあまり調査されていない。いちじるしく小さいので、胃腔の内容物の測定もあまりなされていない。通常、飼育しているポリプには天然海域にいない甲殻類のブラインシュリンプ（図6-4：86ページ）を与えている。そこで、天然海域に生息している甲殻類（動物プランクトン）の仲間である0.1mm以下のカイアシ類をポリプに与えてみるとよく食べて成長することから、実際に小型動物プランクトンを食べているものと思われる。また、ヒドロ虫を与えてもよく食べ成長することから、小型のゼラチン質動物プランクトンもよいエサに

47

なっているのであろう。一方、植物プランクトンには一切見向きもしない。

もっと知りたい！

ゼラチン質動物プランクトン

　ゼラチン質動物プランクトンといわれる生物のグループは、エビ・カニ類のような甲殻類（こうかくるい）などとは異なり、ゼリー状（ゼラチン質）の非常にやわらかい体のつくりをしている。本書で取り上げたクラゲやクシクラゲ類の他に、毛顎類（もうがくるい）（ヤムシの仲間）、浮遊性（ふゆうせい）の軟体動物類（なんたい）（貝やイカの仲間）、被嚢動物類（ひのう）（サルパやホヤの仲間）などが属している。体がもろいため採集時に破損しやすく、ネットを用いた採集時にはしばしば破壊（はかい）され、わずかにゼラチンのドロドロした塊（かたまり）のみが網（あみ）に残るというようなこともある。こうした性質からゼラチン質動物プランクトンの正確な個体数や量を測定することは困難をきわめ、海水中の生物の量が少なく見積もられる一因にもなっている。また、体のもろさは飼育の際にも大きな壁（かべ）となっており、採集時のダメージ、水槽（すいそう）や水流による損傷などいろいろと気を配る必要がある。そこで、採集時には生物の体に触（ふ）れることがないように現場の海水とともにすくって採るような工夫（くふう）が必要となってくる。このような採集・飼育時の難しさがゼラチン質動物プランクトンの研究を遅（おく）らせてきた。

ポリプの天敵

　コロニーをつくるポリプにとって天敵はいないのだろうか？　先ほど岸壁に多くいるムラサキイガイは落ちてきたプラヌラを吸い込むと書いたが、厳密にいえば、ろ過はするけれど食べてはいないのである。ムラサキイガイの主食は植物プランクトンであるため、プ

第3章 クラゲのもう1つの姿－ポリプ・シスト

ラヌラは吸い込まれても、消化されずに粘液に包まれてすぐに排出されてしまう。

　それでは、ポリプを好んで食べる動物をいくつか紹介しよう。まず、貝などの仲間の軟体動物に属するミノウミウシがあげられる（図3-4）。ミノウミウシは付着しているポリプを積極的に食べ、食べたポリプに付いている刺胞を体内に取り込み、それを今度は外敵から身を守るための道具にしてしまう。これを盗刺胞という。毒を食らって、死なないどころかそれを利用するしたたかな生物だ。

　魚類では、カゴカキダイがあげられる（図3-5）。カゴカキダイの食べるポリプの量は、ミノウミウシなどに比べればはるかに多い。そのため、水族館では水槽に付いたポリプを掃除してもらうために、いろいろな生物といっしょにわざわざ入れられているほどである。水族館できれいな黒と黄色のたてじまの魚がいろいろな水槽で泳いでいるはずだ。そのほかカワ

図3-4　ミノウミウシ

図3-5　カゴカキダイがポリプを捕食しようとしている

49

図 3-6　カゴカキダイ（左）とカワハギ（右）の口の形状

ハギ、イシダイ、キタマクラなどが、ポリプを積極的に捕食している様子が観察されている。これらの魚の共通の特徴は付着しているポリプを食べるのに適したすぼまった形の口である。岩と岩の間のせまいところにも口を入れることができるほか、エサを食いちぎったり、かみ砕いたりするための歯が発達している（図 3-6）。

 シスト

　ポリプやストロビラはなんとか潜って肉眼でも観察できるが、ポリプの休眠状態であるシストは、小さ過ぎてほとんど見つけることはできないだろう。運がよければポリプのコロニーの周辺で小さい粒を観察できるかもしれない。第 2 章で説明したように、シストとは体の一部を厚い殻でおおってまるで死んだような状態になったものである。それでは、なぜシストをつくるのだろうか？　シストは固い殻におおわれているため、環境の変化に強く、生き残る割合が高い。また前述したポリプを捕食するミノウミウシも、シストに対しては攻撃しないことが観察されている。すなわち、シストにはコロニーが全滅するのを防ぐ効果がある。

　アカクラゲなどのポリプが移動した後に残った部分はポドシストと呼ばれシストと区別されている（図 3-7、図 2-11：38 ページ）。

第3章 クラゲのもう1つの姿－ポリプ・シスト

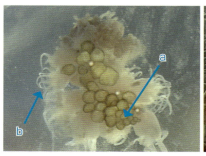
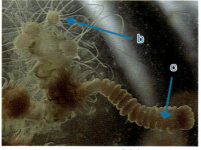

図 3-7 長期飼育実験で観察されたアカクラゲのポリプの無性生殖
a：ポドシスト、b：脱シストしたポリプ、c：ストロビラ

　シストは一般的に環境が悪化した際の非常事態に耐えるための手段としてつくられる。しかし、アカクラゲは生活史のなかで必ずポドシストをつくり、その数も多い。つまり、ポドシストをつくることが主な無性生殖の手段と考えられている。アカクラゲの場合、プラヌラが付着した後の最初のポリプは、ひたすらポドシストをつくるだけでストロビレーションは行わず、クラゲもつくらないのである。

　ポドシストは、早ければ2週間程度で殻が破れて脱シストし、再びポリプがつくられる。この脱シストがどのような刺激によって起きるかはまだわかっていないが、アカクラゲに近い種ではポドシストが1年以上経過した後でも脱シストしたという報告もある。それだけ長い期間シスト内では生命が維持できる。すなわち、ポドシストによる増殖方法はミズクラゲなどの出芽と比べると、増える速度は遅いが環境の変化に強いため生き残る割合が非常に高い。

　ポドシストから脱シストしたポリプは水温が低下すると、ストロビレーションを起こし、エフィラを離れさせる（図3-7）。なお、脱シストして新たに形成されたポリプが再びポドシストを形成する

51

ことはほとんどない。脱シストしたポリプは、その獲得したエネルギーのほとんどをストロビレーションに費やし、エフィラを離れさせるのである。

ミズクラゲとアカクラゲのポリプ

　東京湾などの内湾域で最もよく見られ、しかもだいたい同じ時期に出現するミズクラゲとアカクラゲのポリプについて比べてみよう。まず、ミズクラゲのポリプは 10 〜 30℃の広い水温下で成長できるが、アカクラゲはせまい。すなわち、水温という条件だけを考えればミズクラゲのポリプの方が長期間にわたって成長でき、生き残りやすい。なお、ストロビレーションについては、両種ともほぼ同じ水温で見られる。

　次に、海水の塩分はクラゲのポリプにどのような影響を与えているのだろうか。特にポリプがよく観察される岸近くの沿岸域は、雨が降ると陸から河川の水が流れ込んで塩分は急激に低下する。われわれの実験では、ミズクラゲとアカクラゲのポリプはともに低い塩分には弱く、成長や増殖をあまりしなくなることが明らかになった。しかし、アカクラゲのポリプは、ミズクラゲのポリプに比べてさらに低塩分に弱く長く生きられない。つまり、塩分の変化が激しい沿岸や内湾域などではアカクラゲポリプは生息しにくいのである。同様な観察例はクラゲ期においてもある。ミズクラゲは塩分が比較的低く陸に近い湾奥の表層域でも密度の高い群れをつくることができる。一方、アカクラゲは塩分の低い表面近くでは群れをつくらず底

第3章　クラゲのもう1つの姿－ポリプ・シスト

の方に沈んでいることから、クラゲ期でもミズクラゲに比べ低塩分に弱いことがわかる。

　これらのことから、陸に近い湾の奥の方では水温や塩分の変化が大きいため、ミズクラゲのポリプはたびたび出芽し大量発生につながるが、アカクラゲのポリプは生育しにくいと思われる。つまり、アカクラゲは河川などの影響を受けにくく、水温などの環境の安定した底近くや外洋に近い湾の入口などで生存するのに適した種類なのである。ミズクラゲは環境の変化が大きい場所でも平気だが、アカクラゲは落ち着いた環境を好むといえばいいだろうか。

　それでは次に、両者が同じ生活場所で出会った際のなわばり争い（空間的な競争）について考えてみよう。ミズクラゲとアカクラゲのポリプを同じ場所で飼育した観察例を紹介する。両種のポリプの触手が触れ合うと、アカクラゲのポリプは触手を縮めたが、ミズクラゲのポリプは口を開きアカクラゲのポリプにおおいかぶさるようにして捕食した（図3-8）。捕食後約10時間でアカクラゲのポリプは消化され、残骸が吐き出された。逆にアカクラゲのポリプでは、大きな個体でも小さなミズクラゲのポリプを捕食する行動は観察されていない。したがって、ポリプ同士の空間的競争においては、ミズクラゲはアカクラゲを食べ尽くしてしまうのである。ただし、ミズクラゲのポリプはアカクラゲのポドシストまで捕食することはできなかった。

　しかし、クラゲ期になると、今

図3-8　ミズクラゲポリプ（左）によるアカクラゲポリプ（右）の捕食

度は長い触手を使って逆にアカクラゲがミズクラゲをさかんに捕食し始める。すなわち、ミズクラゲとアカクラゲは、生活史の中のポリプとクラゲの間で、食う－食われる（捕食－被食）の関係が逆転する。

　ミズクラゲのポリプは、河川水などが入り環境の変化が激しい内湾域でも生きぬき、出芽という手段で爆発的に増殖し大量発生を引き起こす。一方、陸からの影響を受けにくい底近くや外洋域といった安定した環境に住むアカクラゲは、通常はポドシストによる休眠状態で過ごし、環境の急変や外敵の捕食からみずからを守り静かに息を潜め、確実に子孫を残す戦略をとっている。そして、じっと耐えしのびながら、育つうえで都合のいい環境になるとポドシストの殻を破ってポリプになり、ストロビレーションをして一気にクラゲを放つのである。

　さて、クラゲというからには、通常浮遊しているクラゲの方がよく目につくものである。しかし、なかにはポリプの方が発達したコロニーをつくって目立ち、一方クラゲはすごく小型で、またその期間も短く、ポリプからクラゲへの変態は単なる有性生殖のためだけという種類もいる。そのような生活史のうえではポリプが主役となるクラゲをいくつか紹介しよう。

ポリプが主役のクラゲ

●ギンカクラゲ（花クラゲ目）
　黒潮や対馬暖流が流れる海域で、潮と潮がぶつかり合う潮目や海

第3章　クラゲのもう1つの姿－ポリプ・シスト

岸線を見ていると、牛乳びんのふたのような物が大量に浮いていたり打ち上げられていることがある。これらがギンカクラゲで、正確にはポリプの集合体（コロニー）である。通常、クラゲのポリプコロニーは岩などに付着してつくられる。しかし、ギンカクラゲのポリプは円盤状の自身の浮き袋の下に吊り下がってコロニーを形成し、海流などに乗って移動するいわゆる水表の生物（ニューストン）（もっと知りたい：67ページ）である（図3-9）。円形で海表面に浮いているため、上から見るとお金の「銀貨」のように見えるのが名前の由来である。「銀貨」の周囲は刺胞をもつ触手が取り囲んでいる。ポリプからクラゲが出る時は、それぞれのポリプにクラゲ芽がニョキニョキと形成され、そこからクラゲが離れて泳ぎだしていく。クラゲは触手も口もできておらず非常に小さいが、やがて有性生殖を行いプラヌラが産まれる。ギンカクラゲはクラゲ期にはほとんど目につかず、ポリプ期になると逆に美しく花開くめずらしいタ

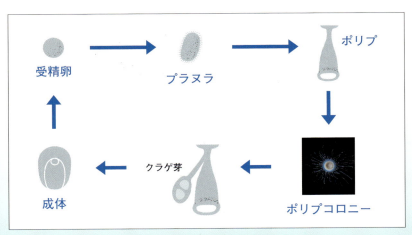

図3-9　ギンカクラゲの生活史

イプのクラゲである。なお、カツオノカンムリも同じような生活史をもつ。

● イラモ（冠クラゲ目）

　イラモは日本の暖海域に生息し、特に黒潮の影響の強いところに多い。シュノーケリングやダイビングをしている時に、サンゴ礁などでイソギンチャクのような集群（コロニー）を見つけることができる。これがイラモのポリプである。

　イラモは、鉢クラゲの仲間では例外的にクラゲ期よりポリプ期の方が大きく発達する（図 3-10）。やわらかいポリプは硬いさやにまわりを包まれて保護されており、無性的に増殖する。夏の終わりから秋にかけてストロビレーションを行い、コロニーからエフィラが離れていく。離れたばかりのエフィラは 1 〜 2 mm と非常に小さく、ほぼその形のままクラゲとして成熟し、有性生殖を行う。有性生殖の結果生じたプラヌラは、また新たな場所に付着してポリプコロ

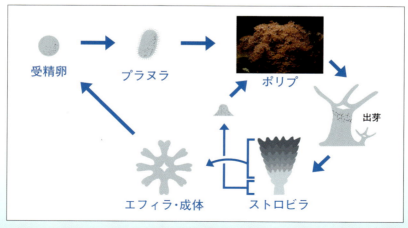

図3-10　イラモの生活史

クラゲのもう1つの姿－ポリプ・シスト

ニーを形成する。

このほか様々な特徴をもつユニークなポリプの姿を見てみよう。

●タマクラゲ（花クラゲ目）

東京湾や相模湾の海底の泥の中にムシロガイという肉食性の巻貝が住んでいる。このムシロガイなどの生きた特定の巻貝の殻の表面にはタマクラゲのポリプが生息している。ここまで

図 3-11　タマクラゲ（傘径 0.1 〜 0.2 ㎝）
（提供：新江ノ島水族館）

は普通の貝殻とポリプの関係だが、タマクラゲのポリプは付着するための巻貝がいなくなると死んでしまうのだ。また、巻貝が幼生を産むタイミングに合わせてタマクラゲもポリプから離れる（図3-11）。その数は、夏の東京湾で生息するクラゲ類の中で一時的に最大個体数になるほどである。そして、クラゲから生まれたプラヌラは、再び特定の巻貝に付着する。タマクラゲのポリプは生きた巻貝が大好きを通りこして、他の人工構造物などの付着場所に対して見向きもしないほど一途なのだ。このような強い共生関係がなぜ生まれたのかは不明である。

●コモチクラゲ（軟クラゲ目）

コモチクラゲ（図3-12）は、前にも触れたようにクラゲになってからも自分の体からクラゲを次々に出していく。このクラゲの特異なところは、クラゲになった後に自分の体からフラステュールを出したり、さらに直接ポリプを生やしたりするところだ。

図3-12　コモチクラゲ（傘径0.5 cm）

　この現象は、地中海産のコモチクラゲでよく観察されているが、まずクラゲの一部分に突起のようなフラステュール芽ができる。それがクラゲ本体から離れて、フラステュールを経てポリプになるのだ。通常このような現象はポリプで起こるのだが、コモチクラゲではクラゲになってからみられる。さらに特異な現象として、クラゲの一部分にポリプが直接生えることもある。そのポリプにはちゃんと触手もついており、近くに来たエサを捕食して食べる。クラゲの子がポリプだとしたら、これこそ本当のコモチクラゲだ。しかも、ポリプはどんどん成長していくが、反対に母体となっているクラゲは逆に縮小していき、やがて数本の触手だけ残した細胞の塊になってしまう。自分の体から無性的に生えてきたポリプに完全に乗っ取られてしまうというちょっと悲しい現象である。一見、この現象はクラゲがポリプにもどったようにも見えるが、実はクラゲ期に起きた単なる無性生殖の結果なのである。つまり、コモチクラゲはクラゲになってからも無性生殖を続け、クラゲ、フラステュール、ポリプと様々なタイプの「子」を産出できるのだ。

第4章 クラゲの出現カレンダー

　クラゲは南極のような寒い海から熱帯のサンゴ礁の海まで、世界中のどこにでも住んでいる。大都市に近い汚れた内湾部の海や、内陸部の淡水の池などでも見られる。また、海洋の表面をプカプカ漂うものもあれば、深海にも住んでいる。クラゲはまわりの環境に合わせて生活するのが非常に上手なのだ。そして、出現時期も様々で真冬はあまり見かけなくなるが、その他の季節では常になにかしらのクラゲを見つけることができる。そこで、この章では東京湾など関東周辺海域で、どんなクラゲがいつごろ出現するのかを見てみる。図 4-1 は、それをまとめたクラゲの出現カレンダーである。

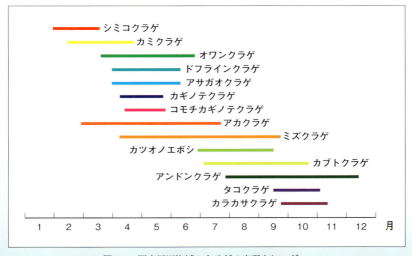

図 4-1　関東周辺海域のクラゲの出現カレンダー

59

春のクラゲ

●カミクラゲ（花クラゲ目）

カミクラゲは、主に太平洋沿岸で冬から春にかけてみられる比較的大きなクラゲである。日本固有種と考えられており、春が来たと感じさせてくれるクラゲである。釣鐘形で傘の高さが10 cmほど

図 4-2　カミクラゲ（傘径 5〜8 cm）

になる。傘の端から出ている多数の触手がまるで髪の毛が生えているように見えることからこの名前がついた（図 4-2）。東京湾では3月ごろから出現し始め、5月ごろには生殖を終えて死んでしまう。多数の眼点があり、光の変化を感じることにたけており、光に向かってすばやく遊泳できる。

> **もっと知りたい！**
>
> ### 眼点
>
> クラゲは目がなく、光の刺激を受け取るための眼点と呼ばれる器官をもっている。眼点はわずかな光でもキャッチできるため、多くのクラゲは眼点によって得られた光の刺激に応じて行動を変化させている。例えば、カミクラゲは光に反応して水中を跳ね回るような動きを見せるが、これは眼点でとらえた光の刺激が神経に伝わり、傘を急速に開閉させるからである。また、アンドンクラゲなどの立方クラゲの眼点は非常に発達しており、光の刺激に対して強く反応し光に向かっていく行動をとる。

第4章　クラゲの出現カレンダー

● オワンクラゲ（軟クラゲ目）

　傘径10〜20 cmくらいの、名前の通りおわんを伏せたような形でヒドロクラゲにしては大型である（図4-3）。緑色に発光する蛍光物質を体内にもち、この物質の研究によって下村博士がノーベル化学賞を受賞したことでよく知られている。東京湾では3月の終わりごろから見つけられるが、傘に描かれた放射状のしま模様ですぐに見分けられるだろう。

図4-3　オワンクラゲ（傘径15〜30 cm）

もっと知りたい！

ノーベル賞のクラゲ

　意外なところでクラゲが一躍有名になった。2008年に下村脩博士が「緑色蛍光タンパク質GFPの発見と開発」でノーベル化学賞を受賞したが、その研究にオワンクラゲ（正確には日本のオワンクラゲと近い種の *Aequorea victoria*）が使われたことである。オワンクラゲに刺激を与えると発光することは以前から知られていた。そこで下村博士はオワンクラゲの体内から緑色蛍光タンパク質（GFP）のみを取り出し、紫外線を当てるとGFPが緑色に光ることを発見した。この現象からそのGFPを目印に生体内で特定の物質の動きを追うための蛍光マーカーとして用いることができるのではと考え、医学・生物学の分野で細胞内でのタンパク質の動きを観察する技術に応用したのである。そして、この成果は生命科学の分野に大きな発展をもたらした。例えば、同じくノーベル賞を受賞した京都大学の山中伸弥教授のiPS細胞の研究にもこのGFPが用いられている。今やGFPは生命科学分野の研究にはなくてはならない道具となっているのだ。

● ドフラインクラゲ（花クラゲ目）

　明治期に来日したドイツの動物学者フランツ・ドフライン博士が東京湾で発見したクラゲ（図 4-4）。先にあげたカミクラゲを小型にしたような形で傘の縁の4カ所から多数の触手が出ていて美しく、観賞用としても人気がある。日本固有種と考えられている。

● アサガオクラゲ（十文字クラゲ目）

　アサガオクラゲは、クラゲといっても根元の部分で海草などにくっついて生活する（図 4-5）。ただ、ついている力は弱くちょっと引っぱれば簡単にはがれる。先端の花のように開いた部分が、アサガオのように見えることからアサガオクラゲと呼ばれている。温帯域の比較的温暖な春のアマモ場でよく観察され、東京湾でも天然の干潟が残っていてアマモの生えている横浜海の公園や富津の盤洲干潟

図 4-4　ドフラインクラゲ（傘径 2 〜 3 cm）

図 4-5　アサガオクラゲ（傘径 0.5 〜 1 cm）

第4章 クラゲの出現カレンダー

などで見ることができる。

● カギノテクラゲとコモチカギノテクラゲ（淡水クラゲ目）

　次は海藻類にくっついているカギノテクラゲやコモチカギノテクラゲである。これらは春の終わりから初夏にかけて、名前の通りカギの手状の触手で海藻などをつかんで生活している。つかんでいるだけなので海藻を激しく揺らすと容易にはがれて泳ぎだす。日本沿岸の各地に生息し、ホンダワラやカジメなどの海藻につく。カギノテクラゲの体は透明、触手は短くオレンジ色をしている（図4-6）。一方、コモチカギノテクラゲは同じく透明で小型である（図4-7）。

両種とも水温が上がる6月以降は有性生殖をして死んでしまうが、暖かくなる前に海藻の中などに入る場合は、これらに刺されないように注意が必要である。特にカギノテクラゲは毒性が強く危険である。

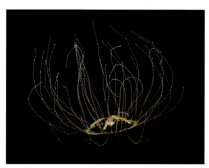
図4-6　カギノテクラゲ（傘径2～3cm）

● アカクラゲ（旗口クラゲ目）

　アカクラゲは赤みを帯びたストライプの傘と長い口腕・触手をもち、毒性が比較的強い（図4-8）。アカクラゲの仲間は北米沿岸域などでは最も普通に観察されるクラゲ

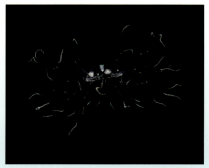
図4-7　コモチカギノテクラゲ（傘径1cm）

63

図 4-8　アカクラゲ（傘径 15 〜 30 cm）

で、シーネットルと呼ばれている。海岸に打ち上がったアカクラゲが乾燥すると、毒をもった刺胞成分が空気中に飛散して、鼻などに入るとくしゃみが止まらなくなることから、日本ではハクションクラゲとも呼ばれている。

東京湾では 3 月ごろから現れて 7 月ごろにかけて東京湾アクアラインの海ほたるや風の塔周辺など湾央部の深いところに生息している。

もっと知りたい！

シーネットル

アメリカなど英語圏では、一般的にクラゲはジェリーフィッシュ（jellyfish）と呼ぶが、アカクラゲのように平たい傘から何本もの長い触手が出ている比較的大きなクラゲをシーネットル（sea nettle）と呼ぶ。ネットルとはイラクサという植物のことでトゲが無数にあり、触ると腫れてとても痛い。すなわち海にいるイラクサである。シーネットルと呼ばれているクラゲは Chrysaora 属に分類されており、C. fuscescens、C. melanaster、C. quinquecirrha などを指す。これらの種類は大型で様々な海域で大量発生しており、海域の生態系や水産業などに大きな影響を及ぼしている。

第4章　クラゲの出現カレンダー

 夏のクラゲ

● ミズクラゲ（旗口クラゲ目）

　日本では春の終わりから夏にかけて大規模な群れ（パッチ）が各地で観察される。日本海沿岸や瀬戸内海などでは、秋の終わりまで観察されることもある。

　世界各地の海域で見られるミズクラゲだが、その大きさは驚くほど違う。例えばイギリスの塩混じりの池（汽水池）に生息するミズクラゲは2 cmくらいの超小型サイズで成熟する。一方、ノルウェーのフィヨルド（入り江や湾）に住むミズクラゲは10 cmくらいで成熟して繁殖を始めるが、エサを与え続けると成熟が遅くなり、繁殖をせずにどんどん成長していく。また、東京湾のようにエサが豊富なところで育ったミズクラゲは世界最大級のサイズで、15 cmを超えないと成熟しない。また越冬した個体は40 cm以上にまで成長する。そして、受精・産卵も夏季〜翌年の春季まで続くこともある。このように環境に応じて巧みに生活しており、特にエサが多いと成熟よりも成長を優先させてどんどん大きくなる。

　元気なミズクラゲは低い塩分を苦手としているため、やや岸から離れた沖合に密度の高いパッチをつくっていて、自力で泳ぎパッチがばらけないように維持できる（図4-9）。水温の高い低いにかかわらず比較的広い範囲でパッチはつくるが、塩分で比べてみると淡水の混じった塩分の低いところではパッチをつくらないことがわかっている（図4-10）。ところが、弱ってきたミズクラゲはパッチ

図 4-9　東京湾におけるミズクラゲの大量発生

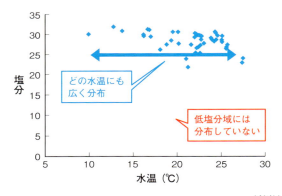

図 4-10　ミズクラゲのパッチ分布位置（◆）の水温・塩分（東京湾）
　　　　ミズクラゲは低塩分域を苦手としていることがわかる

に付いていけなくなり、潮が満ちる時（満潮）に岸の方へと流されてしまい、時には河川のずっと上流部で見つかることもある。傘は動いてはいるものの死ぬ直前である。隅田川の河口からかなり離れた浅草などでミズクラゲが観察されるのは、こういうわけである。

●カツオノエボシ（管クラゲ目）

　カツオノエボシという変わった名前は、南の海から海流に乗って

第4章　クラゲの出現カレンダー

秋口にやってくるカツオと同じ時期に太平洋沿岸に現れることと、青い袋状のもの（気泡体）の見た目が烏帽子（平安時代の貴族がかぶっていた帽子）に似ていることから名付けられている（図4-11）。最近では5月くらいから暖かくて南風が強く吹いた際に海岸に打ち上げられることがあるが、メインシーズンはやはり夏である。カツオノエボシは自分自身に遊泳能力はほ

図4-11　カツオノエボシ（直径5〜10 cm）
　　　　（ウィキペディアより）

とんどないため、海流に乗ってやってくるというより、台風などが発生した時に南からの強い風に海面上の気泡体が吹き流されて岸に打ち寄せられることがほとんどである。またカツオノエボシは潜らず、海表面だけに生息しているめずらしい生物（ニューストンと呼ぶ）でもある。

もっと知りたい！

ニューストン

　プランクトンのなかで水表面でのみ生活する種類がいる。これがニューストンで水表生物ともいう。クラゲではギンカクラゲのほかに気泡体をもつカツオノエボシなどが含まれ風や表面の流れに大きく影響される。昆虫のアメンボなども典型的なニューストンである。

> もっと知りたい！

ユードキシッド

　管クラゲ目には、カツオノエボシのような気泡体のほかに泳鐘と呼ばれる遊泳器官をもつものや、気泡体がなく泳鐘だけをもつもの（鐘泳類）もいる。気泡体とは中に空気の入っている風船のようなもので、これを海面上に出して風や海流の力などによって流されていくのである。泳鐘はクラゲのいわゆる傘にあたるもので、拍動することで遊泳できる。

　また、鐘泳類はおもしろい生殖方法をとる。成体は泳鐘から長い幹が伸びて、その幹上にいくつもの小さな泳鐘とポリプがセットになった一群が生えてくる。それらが生殖期になると成体本体から次々と離れて泳ぎだすのだ。これをユードキシッドといい、かつては成体とはまったく違う生物だと考えられていた時期もあった（図）。ユードキシッドの中では卵や精子などがつくられ、これが海中へと泳ぎだして有性生殖を行う。ユードキシッドは、言うなれば生殖のためだけに本体から離れて泳ぎだした器官である。東京湾などの沿岸域でプランクトンネットなどを曳くとよく採集される小さなヒドロクラゲの仲間、タマゴフタツクラゲモドキやヒトツクラゲはユードキシッドをつくる代表的な種類である。

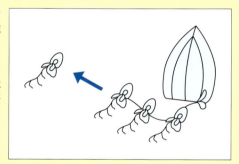

図　管クラゲのユードキシッド
もともと成体の長い幹上にあった泳鐘とポリプの一群が幹から離れて泳ぎだしたもの。ユードキシッドはやがて有性生殖を行い、受精卵を産出する

第4章　クラゲの出現カレンダー

● カブトクラゲ（有櫛動物門）

　カブトクラゲはクシクラゲの仲間なので刺さないが、大量発生すると手が付けられないほどの量になる。また、ミズクラゲやエチゼンクラゲは大量発生すれば大型で遠くから見てもそれとわかるが、カブトクラゲは全長こそ 10 cm くらいあるが透明で見にくい（図 4-12）。また体がもろくて崩れやすく、ただ

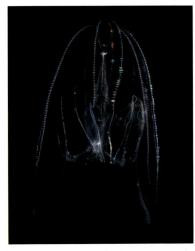

図 4-12　カブトクラゲ（全長 8 〜 12 cm）

のゼラチン質の塊にしか見えず、網でとって再度バケツの水などに移すことでカブトクラゲの存在にようやく気づくことも多い。クシクラゲの仲間は、生活史のところで述べたように雌雄同体で有性生殖により次から次へと子どもを産むので、一気に増えるのだろう。カブトクラゲはミズクラゲなどに比べて高密度な群れをつくるので、魚群探知機などの音響機器を使うと反応がよく、探しやすい。

秋のクラゲ

● アンドンクラゲ（アンドンクラゲ目）

　アンドンクラゲは主に暖かい水が入る温熱帯域に出現する。出現時期は夏の終わりの 8 〜 11 月までと比較的長い。傘径 5 〜 8 cm で四角い傘の 4 つの角からそれぞれ 1 本ずつ赤みがかった長い触

手を伸ばしている（図 5-2：75 ページ）。毒性が強く、クラゲとは思えないほど活発に泳ぎ、魚の子ども（仔稚魚）も捕食する。水深の浅い岩場や海水浴場にもよく出現する。特にくぼんだ湾の奥部や漁港で観察され、秋の初めごろには大量のアンドンクラゲが表層で群れている。夜間でも漁港では光に反応して集まり、街灯の下などに大量に群れていることがある。このような時は網などを使わずに、バケツやひしゃくで直接海水をすくうことで採集できる。

●タコクラゲ（根口クラゲ目）

タコクラゲ（図 6-6：87 ページ）も暖かい海に生息し、日本では 9 ～ 11 月くらいにアンドンクラゲとほぼ同じような海域に出現する。タコクラゲもアンドンクラゲと同じく光に反応して集まるため、昼間は海表面で多く観察され深い水深にはほとんど住んでいない。タコクラゲは東京湾のような都市部の内湾よりも暖流の黒潮が流れる九州、四国、紀伊半島、三浦半島といった暖流域の内湾で数多く観察される。

●カラカサクラゲ（硬クラゲ目）

小さいがまさに傘そのものの形をしているのがカラカサクラゲだ（図 4-13）。傘の縁からダラッと 4 本の触手が伸びている。東京湾などでは秋から冬に

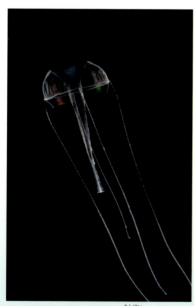

図 4-13　カラカサクラゲ（傘径 1 ～ 3 ㎝）

第4章　クラゲの出現カレンダー

かけて同時多発的にいろいろな海域で大量発生する。そして、ある時からパタッといなくなってしまう。東京湾だけでなく様々な海域で、カラカサクラゲはいっせいに大量発生して消失する。おそらく水温などに合わせて出現・消失するのだろうが、その生態についてはあまり明らかにされていない。

冬のクラゲ

●シミコクラゲ（花クラゲ目）

　シミコクラゲは、冬の最も寒い時期になるといっせいに出現するクラゲである。非常に小さなクラゲで触手の根元にある8個のふくらみが特徴(とくちょう)である（図4-14）。東京湾での出現のピークは2月から3月中旬(ちゅうじゅん)までと短いが、この間にクラゲからクラゲをクローンのように無性生殖(せいしょく)でどんどんつくりだして爆発的(ばくはつてき)に増え続ける。春になり水温が10℃を超えるようになると、繁殖方法を雄(おす)と雌(めす)の有性生殖に切り替(か)えてプラヌラをつくり、ポリプを通じて子孫を残していく。

　冬のクラゲとしてシミコクラゲをあげたが、それ以外で肉眼で見られるような大きな

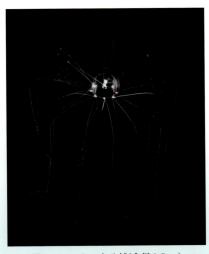

図4-14　シミコクラゲ（傘径0.5cm)

71

クラゲは東京湾などではあまり観察されない。大部分のクラゲはポリプになって冬を越しているのだが、そのポリプたちはあまりにも小さく、普通に発見することは困難である。けれども、ポリプはあまり外敵が活発に活動しない冬のうちに、やがてくる春に備えて無性生殖で仲間の数をできる限り増やしている。

もっと知りたい！

学名のつけ方①

　学名とは生物の世界共通の名前で、動物では、国際動物命名規約によってつけ方が取り決められている。その表し方は 1758 年にスウェーデンの生物学者リンネによって提案された二名法に従っている。二名法とは、生物にラテン語またはギリシャ語による「属名（属の名前）」と「種小名（種の名前）」の２つを使って名前を付ける方法である。例えば、ミズクラゲの仲間の *Aurelia aurita* は *Aurelia*（属）の *aurita*（種小名）という種類になり、学名を使えば国が違っても世界中の人に通じることになる。（→続きは 150 ページへ）

第5章 刺すクラゲと刺さないクラゲ、そして猛毒クラゲ

　クラゲは最近でこそ水族館などでの人気者だが、まだまだクラゲといえば、海水浴中に刺されたり、毒があるから触りたくない、姿がこわいなど、あまりいい印象ではないことが一般的であろう。ここでは、クラゲの毒や刺す仕組みについて紹介する。

刺胞とは

　クラゲの毒は刺胞という細胞の中に仕込まれている。刺胞は球型または洋梨型の形状をしており、その中に毒液と刺糸と呼ばれる毒針がコンパクトに折りたたまれた状態になっている（図 5-1）。この刺胞がエサとなる生物に触れると、中から刺糸がばねのように勢いよく飛び出し、相手に突き刺さって毒液を注入する。しかも、刺胞は触手などに大量に存在しており、触れると一度に数百以上の毒針が打ち込まれる。昆虫のハチに刺された場合、痛みの強さは別として刺すのは針1つなわけだから、クラゲのおそろしさがわかるだろう。

　刺胞は同じ刺胞動物門に属するイソギンチャクやサンゴにもある。ただ、刺胞動物で人間への刺傷被害を引き起こすことが知られているのはわずか数十種類に過ぎない。これは種類によって毒の強さや刺胞の構造が異なっているためである。大部分の刺胞動物は、

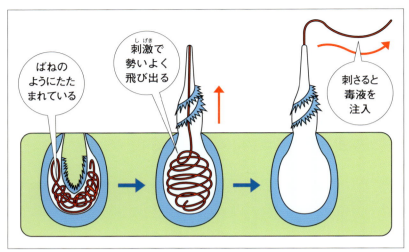

図 5-1　クラゲの刺胞

エサを捕らえるために毒を利用している。しかし、ほとんどの刺胞動物にとって対象となるエサが小型の動物プランクトンであることから、刺胞毒の強さや針は人間に作用するほど大きくない。すなわち、人間に対してまで強力な毒性を示すものは、きわめて少ないと考えられる。それでは毒をもったクラゲたちを紹介していこう。

毒のあるクラゲ－立方クラゲの仲間

　お盆を過ぎたあたりから海水浴に行くとクラゲに刺される、という話をよく聞く。クラゲに刺されたというと、ミズクラゲか赤いしま模様が印象的なアカクラゲにやられたと思われがちだが、ミズクラゲでは病院に運ばれるほどの刺傷被害は起きていない。これらは比較的大型の鉢クラゲの仲間であり、一般的なクラゲとして最も目

第5章 刺すクラゲと刺さないクラゲ、そして猛毒クラゲ

立つため誤解されるのだろう。多くの場合犯人はアンドンクラゲである（図 5-2）。

アンドンクラゲをはじめとする立方クラゲ類全般の大きな特徴といえば、刺胞毒の強さである。なかでも瀬戸内海など西日本に生息するヒクラゲ（図 5-3）は、アンドンクラゲより強い刺胞毒をもつ。ヒクラゲは関東周辺海域ではあまり観察されないために第4章のクラゲカレンダーには入れなかったが、秋から冬に

図 5-2 アンドンクラゲ（傘径 3〜5 cm）

図 5-3 ヒクラゲ（傘径 15〜20 cm）

かけて出現する。そのため実際に海水浴などで被害にあうケースは少ないが、刺されると名前の通り火が付いたような刺激に襲われるため注意するに越したことはない。沖縄海域に生息するハブクラゲの刺胞毒はさらに強く、出現する時期も夏季で、子どもの死亡例もあるため、大いに注意する必要がある。オーストラリア北部のグレートバリアリーフからインドネシアにかけての熱帯域に生息するオーストラリアウンバチクラゲ（*Chironex fleckeri*）の場合大人でも死にいたることがある。傘径が 50 cm くらいまで成長する大型の立方クラゲ類だ。

オーストラリアウンバチクラゲほど強力ではないが、やはりオー

ストラリア近海に生息するイルカンジクラゲ類による刺傷被害（イルカンジ症候群）も注目されている。イルカンジクラゲ類（主に *Carukia barnesi*）も立方クラゲの仲間である。イルカンジ症候群は背中・胸の激痛、急激な血圧上昇、強い精神不安などの症状が起こり、まれに死にいたることもある。これらを引き起こす毒は、すべてクラゲの体表面、特に触手に多く存在する刺胞が発射されて相手に注入されたものである。オーストラリアウンバチクラゲがいかにもこわそうな体つきで目に見えるサイズなのに対し、イルカンジクラゲ類のおそろしいところは3 cmにも満たないほど小型で非常に見つけにくいことである。そのうえ触手は1 mくらいにもなり、事前に避けることは難しいといわれている。

クラゲの毒

　人間に対して刺傷被害を引き起こすかどうかは、クラゲの種類によって生まれつき毒の強さが異なることによるのだろうか？　そうであれば、沖縄海域で猛威をふるうハブクラゲ（図 5-4）は、他のクラゲに比べて何倍も強い毒をもっているのだろうか？　ところが、ハブクラゲの毒の強さを調べてみると、アンドンクラゲよりも弱いことが明らかとなってきたのである。それではなぜハブクラゲは人に対して猛毒なのだろうか？

　ハブクラゲの体は非常に大きく、触手の本数も多く、さらに刺糸の1本1本が長いということが、刺傷被害が大きくなるポイントである。すなわち、毒が弱くとも一度刺されると体内に打ち込まれ

第5章　刺すクラゲと刺さないクラゲ、そして猛毒クラゲ

る毒素の量がきわめて多く、激烈な痛みとショック死につながる症状を引き起こす。また、ほとんど刺傷被害が報告されていないミズクラゲの毒が意外にも強いことが最近わかってきた。ただ、ミズクラゲの場合は毒素を注入する刺糸が非常に短く、人間が刺されても皮ふの奥深くまで侵入しないため被害が軽くなる。つまり、海水浴やダイビング、サーフィンなどを楽しむ際には、ウェットスーツなどによって皮ふをおおったり、日焼け止めやサンオイルなどを皮ふにぬるだけでも、刺傷被害防止のためには有効といえる。

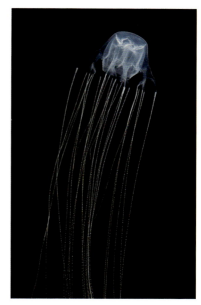

図 5-4　ハブクラゲ（傘径 10 〜 15 cm）

　アンドンクラゲをはじめとする立方クラゲの仲間の研究は、オーストラリアで最もさかんにされている。これは、前述したように猛毒クラゲが多く生息しているためである。しかも、これらのクラゲが出没するのは、日本人観光客も多く訪れる北部のグレートバリアリーフ周辺である。また、出現する時期は春〜秋季（10 〜 5 月：南半球なので日本とは逆になる）なので、マリンスポーツを楽しむ際には十分注意をしてほしい。ちなみに、この季節の海水浴場にはスティンガーネットと呼ばれるクラゲ防除ネットが沖合に張られ、クラゲが海水浴場に入らないようにしたうえでネット内での遊泳が

77

義務づけられる。またシュノーケリングなどでは、水着の上にラッシュガードのようなウェアを着ることが推奨(すいしょう)されている。日本でもアンドンクラゲなどが出現する時期に海に入る場合には、紫外線(しがいせん)カットなどの効果もある袖(そで)の長いラッシュガードの着用を試(ため)してみたらどうだろうか。最近では地球温暖化の進行とともに、南方性の危険なクラゲが生息範囲(はんい)を広げているとの報告もあり、細心の注意が必要だろう。

その他の毒のあるクラゲ

　カツオノエボシ（図 4-11：67 ページ）も強い毒をもっているので注意が必要である。すでに述べたようにカツオノエボシは海面上に気泡体(きほうたい)を出しているものの、その色は海の色に近いためすぐに発見することは難しく、マリンスポーツ愛好者の刺傷被害が多い。その中でも特に多いのがサーファーである。彼(かれ)らは台風の前後にくる大きな波を求めて海に入ることが多いため、風や波に乗って南の海から沿岸に吹(ふ)き寄せられてくるカツオノエボシの被害にあいやすい。本来であればこのような時期に海に入ることは避けるべきだが、もし刺傷被害にあった場合には直接患部(かんぶ)を触らず、海水で洗い流し(真水で洗うことは厳禁！)、直ちに医者に行くことを勧(すす)める（もっと知りたい：81 ページ）。

　次は地味なクラゲ、ヒドロクラゲ綱(こう)のカギノテクラゲの仲間である。カギノテクラゲは前に紹介したように水温の上昇とともにポリプからクラゲとなる（図 2-5：29 ページ）。クラゲは成長・成熟し

第5章　刺すクラゲと刺さないクラゲ、そして猛毒クラゲ

た後、有性生殖を終えて死んでしまうが、例年より水温が低いとクラゲが離れる時期や成長に遅れが生じる。通常では5月に生じるカギノテクラゲ発生のピークが6月にずれこむと、カギノテクラゲが好んで生息する藻場での漁業の解禁とクラゲ発生のピークが重なってしまい、漁業者に多数の刺傷事故が起こる。今後は、さらに水温とカギノテクラゲ発生の関連性についてポリプ期も含めたデータを蓄積し、きめ細かいカギノテクラゲ発生予報につなげていくことが必要だ。

　ポリプの時期に強い毒をもつため危険とされているのがイラモ（図5-5）である。イラモのポリプは、褐色の海藻のような姿で周囲には糸状の触手が並んでおり、刺激を与えると白くなって刺胞が発射される。ただしポリプのコロニーは比較的大型のため、注意をはらえばなんとか避けられる。しかし、ポリプから離れ海中を漂うクラゲはエフィラのように小さいのでやっかいである。お盆過ぎに海で泳いでいると、刺された時にチクチクするだけでクラゲの姿が見えない場合も多い。そういう時はだいたいイラモが犯人である。イラモのエフィラは夏の終わりごろから

図5-5　イラモ（クラゲ期：傘径0.5 cm）

図 5-6　オキクラゲ（傘径 5～8 ㎝）

離れだすので、その時期はごく小さなイラモが大量に海水中を漂っており、その結果正体もわからずにチクチクと刺されてしまうのである。イラモは小さいが、刺胞の毒性は強いので、この時期に海に入る際には十分な注意が必要である。

　毒をもつクラゲとして最後にあげるのは、半球状で赤紫色（あかむらさきいろ）をしたオキクラゲである（図 5-6）。暖海性で沖縄から黒潮や対馬（つしま）暖流に乗って北海道の道南地方まで分布する。ポリプをつくらないため、岸近くには住まず外洋に生息するが、強い風などが吹いた日には風向きによって海岸や漁港などに近寄ってくることがある。特に夏季の海水浴シーズンに多く出現するので注意したい。オキクラゲに近い仲間（近縁種（きんえんしゅ））は地中海にも数多く出現し、沿岸のビーチリゾートでは刺傷被害も多いため地中海沿岸への旅行などの際には注意したい。

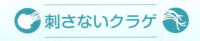

刺さないクラゲ

　まったく刺さないクラゲもいる。海水浴やダイビングなどをして

第5章　刺すクラゲと刺さないクラゲ、そして猛毒クラゲ

いると小さいクラゲが大量に出ている、という声を聞くことがある。それらをよく見てみると、形は普通に見られるような傘の形ではないし、触れるとすぐ崩れてしまう。この本ではすでに何度も登場しているが、これが有櫛動物すなわちクシクラゲと呼ばれる一群であり、海水浴場などで見かけても安心な種類である。同時期に発生するウリクラゲも安全で美しいクシクラゲである。

　この章ではクラゲのマイナスな面、毒について解説してきたが、次の章ではクラゲのもう1つの顔、美しさについて水族館の展示や飼育手法をまじえながら紹介していく。

もっと知りたい！

クラゲに刺されたら

　クラゲに刺されてしまったらどうすればいいのだろうか？　残念ながら現状ではどのクラゲにも共通する答えはないのが実情である。クラゲの毒には様々な種類があり、対処法も様々だからである。しかし、決してやってはいけないことは共通している。まず、刺されたところを触ったり、こすることは厳禁である。まだ刺胞が残っていると、刺激を受けることでさらにひどい炎症を起こす場合がある。指の腹の皮ふは厚く刺傷被害は受けにくいため、ついている刺胞は指先で慎重にはがすことが重要である。次に海水でよく洗い流すことが必要だが、決して真水で洗ってはいけない。クラゲは海の生物なので、真水による刺激で刺胞に残っていた刺糸がさらに発射されるおそれがある。また、酢がきくという話もあるが、刺したクラゲの種類によってはやはり刺胞を刺激するのでやめておこう。

　とりあえず触らないことと海水で流すことが重要である。より安全なのは海水中で触手などをビニール手袋などで取り除くことである。クラゲの毒はタンパク質なので氷などで冷やすことで活動を抑えることもできる。そして、できるだけ早く医者に診せることである。

第6章 クラゲの魅力
―クラゲはなぜ水族館の人気者になったのか

 クラゲの水族館

水族館といえば、魚やイルカのほか海獣類（アザラシやオットセイなど）が人気だが、最近はクラゲ類の展示に力を入れているところも多く見かけるようになった。その先駆けは、神奈川県の江ノ島水族館（現在は新江ノ島水族館）で、世界初のクラゲメインの展示室（クラゲファンタジーホール）を開設し、現在では10種以上のクラゲの周年展示が行われている。また、深海に生息するコトクラゲの世界初となる生体展示や約50種のクラゲの展示にも成功している（図6-1）。

このほか、山形県にある加茂水族館もクラゲの展示に力を入れて

図6-1　新江ノ島水族館（上：クラゲファンタジーホール）、鶴岡市立加茂水族館（中：クラゲドリームシアター）、すみだ水族館（下：アクアラボ）。写真はいずれも各水族館より許可を得て掲載

第6章　クラゲの魅力−クラゲはなぜ水族館の人気者になったのか

おり、現在では「クラゲの水族館」として定着している。2012年にはクラゲの展示種類数（刺胞動物のクラゲのみ30種）が世界最多としてギネス記録に認定された。2014年のリニューアルオープン後は、直径5mのミズクラゲ大水槽などが新たに設置された。この他にも、東京スカイツリータウン®内のすみだ水族館には、クラゲの飼育や実験を直接見ることができるオープンラボが設置されるなど、全国の水族館でクラゲ展示に力が入れられてきている。

もっと知りたい！

海底にたたずむクシクラゲ

　ポリプ期をもたないクシクラゲ類であるが、実は海底上で生活する種類がいる。その1つがコトクラゲ（*Lyrocteis imperatoris*）で、全長は15 cmくらいになり西部太平洋の温熱帯域の海底に生息する（図）。泳がずに海底の岩や海藻などに付着する。

　コトクラゲの生活史はまだ完全には判明していないが、有櫛動物を特徴づける櫛板列は幼生期にはあるものの成体になると退化してしまう。その代わりハート型の美しい形と個体によって異なる白、オレンジ、黄、青紫などの鮮やかな色調と独特の模様をもっており、宝石のように美しい。コトクラゲの名称は、その形状が楽器のたて琴（ハープ）に似ていることからつけられたようである。水深200 mを超える海で見つかっている一方、東南アジア周辺海域では、水深30 mくらいからスキューバダイバーによっても発見されている。エサは主に甲殻類の動物プランクトンで、潮通しのいい場所で、水の流れがあると触手を伸ばして流れてくるエサを捕らえる。

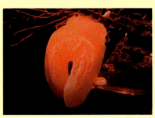
図　コトクラゲ（提供：新江ノ島水族館）

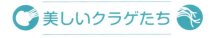
美しいクラゲたち

　それでは、どんなクラゲが実際に人気なのだろうか。何を美しい、きれいと感じるかは個人差があるが、一般的に美しいといわれているクラゲたちを紹介しよう。

● ハナガサクラゲ（淡水クラゲ目）
　ハナガサクラゲの魅力はカラフルな色に尽きる（図6-2）。傘の部分はほとんど透明なのに、口元や触手が黄、ピンク、緑などに光る。これはオワンクラゲなどと同じく体内にある蛍光タンパク質によるもので、最近ではハナガサクラゲから抽出された緑色蛍光タンパク質も多くの生体研究に用いられている。

　ハナガサクラゲは、初夏に温暖な海域、特に中部から紀伊半島、瀬戸内海などでよく観察される。毒性は強いが比較的深いところに生息しているので、あまり刺傷被害は出ていない。ただ、アマモ場などでゆっくりしていることもあるので注意が必要だ。もう一つの大きな特徴は大きく伸び縮みする口である。自分と同じくらいのサイズの魚も強烈な毒で殺

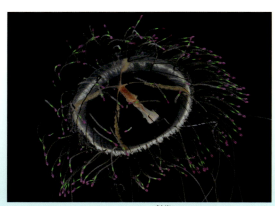
図6-2　ハナガサクラゲ（傘径10〜15 cm）

84

第**6**章　クラゲの魅力－クラゲはなぜ水族館の人気者になったのか

して、伸びた口で飲み込んで胃腔の中まで運ぶ。美しいが、どう猛なクラゲである。

●ギヤマンクラゲ（軟クラゲ目）

ギヤマンはオランダ語のなまりといわれ、ダイヤモンドや美しいガラス細工を意味している。その名の通り最も透明感のあるクラゲといっても過言ではないだろう（図 6-3）。ギヤマンクラゲは春から初夏にかけて相模湾などでも見られるが、比較的冷たい海を好む。

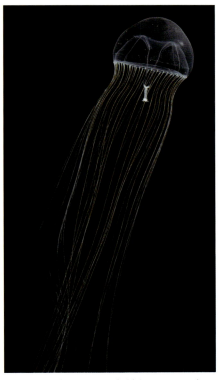

図6-3　ギヤマンクラゲ（傘径 5 〜 10 cm）

●アサガオクラゲ（十文字クラゲ目）

傘の下から見るとアサガオのような形をしており、美しい緑色をしていることから観賞にも適していると思われるが、残念ながら飼育が非常に難しい（図 4-5：62 ページ）。付着している基部の足盤を使って這いずりながら小さな巻貝などを見つけては、体を折り曲げて強い粘着力のある触手でそれらをくっつけて食べる。このように海水中のプランクトンを食べないことから、一般的なクラゲ飼育の際のエサであるブラインシュリンプ（小型の甲殻類 *Artemia* の幼

85

図 6-4　ブラインシュリンプの卵を海水中でふ化させているところ
必ずエアレーションは行う。約24時間経過すると卵はふ化するので、中間層から下にたまっている幼生を集めてエサに用いる。殻は表面に浮いているので使わない。ふ化した後、栄養強化剤を入れることもある

生、図 6-4）は使えない。これが長期間飼育することが難しい原因となっている。ただ、春から夏にかけて海草や海藻の生えているところを手網でガサガサすくいながら探すと、けっこう簡単に見つけられる。うまくいけば水族館でもあまり目にすることのない十文字クラゲの仲間を採集できるかもしれない。ただ、同じような場所にはカギノテクラゲなどの毒性の強いクラゲも生息しているので、十分な注意が必要である。

● アカクラゲ（旗口クラゲ目）

　色彩の鮮やかさと長い触手や口腕などから遊泳する姿が美しく、水族館などでは人気がある（図 4-8：64 ページ）。その仲間のシーネットル類も長い触手をたなびかせて悠然と美しく遊泳する。ただ、触手が最大 1 m 近くにもなるため、1 つの水槽に多くの個体を飼育すると、触手同士がからまってしまうのが悩みの種である。

● サムクラゲ（旗口クラゲ目）

　サムクラゲは、その外観が目玉焼きに似ていることで人気がある（図 6-5）。実際に、英語ではフライドエッグジェリーフィッシュと呼ばれている。大型で 50 cm 以上にもなり、寒い海を好み北海道

第6章 クラゲの魅力－クラゲはなぜ水族館の人気者になったのか

図6-5 サムクラゲ（傘径 50 ～ 60 cm）

沿岸で夏季によくみられる。

● **タコクラゲ（根口クラゲ目）**

　タコクラゲは観賞用としても非常に人気のある種類で、愛好家が自宅で飼育していることも多い（図6-6）。後で詳しく解説するが、体内に藻類を共生（共生藻）させているため、十分な光のほか窒素やリンなどの栄養塩が豊富に含まれ

図6-6 タコクラゲ（傘径 5 ～ 15 cm）

る海水を用意できれば、エサをやらなくても簡単に飼育できる。

● カラージェリー（根口クラゲ目）

　熱帯域に住むカラージェリー（*Catostylus mosaicus*）も愛嬌のある球形である（図 6-7）。タコクラゲと形は似ているが別種である。タコクラゲと違い藻類は共生させていないが、派手な色彩が人気のクラゲである。この色彩は体内の色素の違いによるもので、青、赤、紫など実に多くの色の個体がみられる。泳ぎ方は、他のクラゲに比べて多少拍動が速いので、ゆったり見るというよりも色彩の鮮やかさがポイントとなるクラゲである。

● サカサクラゲ（根口クラゲ目）

　サカサクラゲ（図 6-8）は水温 20℃以上の暖かい海を好み、タコクラゲと同じく体内に藻類を共生させているためエサを頻繁に与える必要がなく、観賞用として人気がある。ただ、タコクラゲが有性生殖を終えるとすぐ死んでしまうのに対し、サカサクラゲはクラゲの形で 5 年以上も生き続けることができる。多くのクラゲ類のポリプは環境さえよければ無限に生き続けるが、クラゲの形で生き続ける種類はほとんどいない。さらに驚くべきことに、サカサクラゲは光を 1 日 6 時間程度当てさえすれば、エサをまったく与えなくて

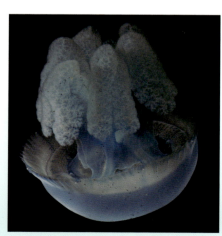

図 6-7　カラージェリー（傘径 20 〜 35 cm）

第6章　クラゲの魅力－クラゲはなぜ水族館の人気者になったのか

も100日以上生存できることがわかっている。これこそ体内に共生させている藻類が光合成をしてサカサクラゲに供給してくれる「食べ物」のおかげである。あくまでも飼育下ではあるが、最も寿命の長いクラゲだといえるだろう。

図6-8　サカサクラゲ（傘径5～30 cm）

　サカサクラゲの成体は自然環境下でも長生きで、パラオやカリブ海などでは一年中観察される。これは他のクラゲ類にはないことで、少なくとも2、3年は自然環境のもとでも生き続ける。共生藻の存在以外にも海を漂うことなく海底近くで生活することによって余計なエネルギーを消費せずに済むことも長生きの理由に関係していると思われる。水槽の中でもうまく飼えば5年以上生きるといわれているので、クラゲ飼育の入門種としても適している。また、多数のサカサクラゲを同じ水槽で飼育していると、いつの間にか1カ所に重なり合うように集まってくる。移動が苦手にもかかわらず積極的に集まるのは、おそらく繁殖するうえで必要な行動なのだろう。

● **クシクラゲ類**

　今度は有櫛動物に目を移してみよう。クシクラゲ類には側面に櫛のような列があり、それらが光を反射して虹色に光り輝く（図6-9）。ただ、クシクラゲがみずから発光しているわけではなく、あくまでも繊毛によって光の反射と屈折が生じているのである。水槽

89

の背景を黒くしてクシクラゲの仲間に照明を当てると非常に美しく虹色に光るので、水族館の展示などでも人気がある。北の海に生息しているキタカブトクラゲ（図1-12：24 ページ）、ラグビーボールに触手がついたような形のフウセンクラゲ（図 6-10）や、全長 1 m 以上にもなる長いオビクラゲ（図 6-11）などが美しい。しかし、前に書いたように刺胞動物のクラゲに比べて体がもろくすぐ崩れてしまうため、飼育は非常に難しい。

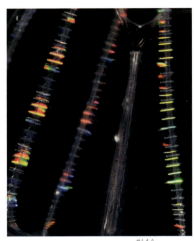

図 6-9　クシクラゲの繊毛

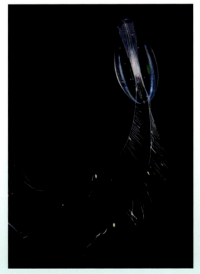

図 6-10　フウセンクラゲ（全長 3 〜 5 cm）

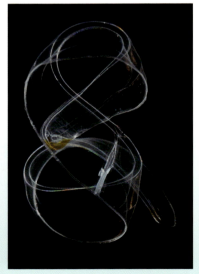

図 6-11　オビクラゲ（全長 1 m 以上）

90

第6章　クラゲの魅力－クラゲはなぜ水族館の人気者になったのか

もっと知りたい！

深海のクラゲ

　もともとクラゲは漢字で「暗気」と書かれることもあり、光も酸素もないところで刺胞だけを頼りに、やってくるエサを捕らえて食べる暗闇のハンターなのである。そもそもクラゲの体は97％が海水でできており、魚のように空気をためる浮き袋があるわけでもないので、水圧の高い深海でもつぶれることもなく生活できる。

　深海のクラゲについては海洋研究開発機構（JAMSTEC）の無人探査機（ハイパードルフィン）を使った調査によって近年いろいろなことがわかってきた。太平洋の海表面からじょじょに降りていくと、まず管クラゲ類の多さに目を見張る。ヘビのように体をくねらせながら泳ぐ中層で最も多く見られる仲間である。次にカッパクラゲ（*Solmissus* spp.）というやや小型のクラゲが多数出現する。また、派手で大きな体が暗い深海に映える冠クラゲの仲間のムラサキカムリクラゲ（*Atolla wyvillei*）もよく出現する。さらに潜って海底近くなると、ほんのりと光を放つチョウチンアンコウに混ざってアカカブトクラゲ（*Lampocteis cruentiventer*）（図）というクシクラゲの仲間に出会う。深海に生息するクシクラゲ類の美しさは、すべての海洋生物の中でもトップクラスと感じる人も多いだろう。ハイパードルフィンが放つわずかな光がアカカブトクラゲの櫛板に反射される様子は思わず研究を忘れて見とれてしまう。めずらしい深海クラゲでは、世界最大級のクラゲであるダイオウクラゲ（*Stygiomedusa gigantea*）があげられる。この他にもまだ名前さえつけられていない種類も多く、深海はまさにクラゲの楽園である。

図　JAMSTECハイパードルフィンで撮影されたアカカブトクラゲ（伊豆大島沖水深170 m）

クラゲの飼育

　それではクラゲたちを家庭で飼うにはどのようにしたらよいのだろうか？　最初にすべきことは、クラゲを実際に採集してくることだろう。しかし、たも網などで採集してきたクラゲを傷めずに持ち帰るのは難しい。そこで、海洋生物をあつかうペットショップなどで購入するのも1つの手段である。最近は癒やし効果があるということで、個人の観賞用としても数多くのクラゲ類がペットショップで売られている。

　また、ポリプとクラゲではポリプの方が飼いやすい。ポリプは基本的にできるだけ長い間個体を維持して無性生殖によってコロニーを拡大させていくようにできているが、クラゲは有性生殖を行って子孫を残すも、自身はそこで寿命が尽きてしまうからである。ポリプの飼育には、ポリプを付着させる必要があるので、傷をつけたアクリルプレートやプラスチックの下敷きなどを用意する。ある程度ザラザラしている面の方がポリプは付着しやすい。

　一方、クラゲを飼育する際には、特に水槽に工夫が必要だ。できれば、クライゼル水槽という縦に水流が回転するように作られた円形のアクリル水槽が好ましい（図 6-12）。ただ、この水槽は非常に高価なので、自分で作ることをおすすめする。例えば飴を入れておくようなできるだけ丸いビンの側面に水漏れしないように穴を開けて、そこからエアー（空気）を弱めに入れて曲面に沿った弱い水流を作るようなものでもかまわない。クラゲは沈むと、重なり合って

第6章 クラゲの魅力－クラゲはなぜ水族館の人気者になったのか

弱ってしまうので、水槽には必ず水流をつけてクラゲが漂える状態にする必要がある。水流はエアレーションによって作ることができる。エアレーションは酸素を海水に溶かし込むためにも必要になる。しかし、気泡がクラゲの傘の下などに入ると、クラゲの体が直接

図6-12　クライゼル水槽
ウチワエビのフィロソーマ幼生が泳いでいる

空気に触れて傷んでしまい、ひどい時には傘が破れたりする場合もあるので、注意してほしい。また、クラゲの体からは多量の粘液が出るため、大量のクラゲを1つの水槽で飼育する際には、水槽と同程度の大きさのろ過装置が必要である。ただしその際は、ろ過装置に接続する吸水口に誤ってクラゲが吸い込まれないように、細かい目合いのネットを張るなどして防ぐ。ただ、家庭などで少数を飼育する場合には、大規模なろ過装置は必要なく、こまめに海水を換えてあげるだけで十分だろう。また、エフィラや小さなヒドロクラゲなどの場合には、水流をつけなくても小さな容器に入れて簡単に飼育できる。

　エサは、ポリプでもクラゲでもブラインシュリンプが基本（図6-4：86ページ）である。エサのあげ方は、ポリプの場合はエサをまいても触手で捕まえられる範囲は限られているので、エサをピペットなどで口元まで運んだり、小さくちぎってあげたりする工夫

93

が必要だろう。また、残ったエサや糞などをピペットなどでこまめにすくい、水を定期的に換える。水の汚れはクラゲ飼育の最大の敵である。特に、ポリプの付着部分に汚れ（有機物）がたまったままにしておくと、細菌が繁殖してポリプが腐って死んでしまう場合がある。一方、大きな水槽でクラゲを飼う場合は、そのままエサをまくと拡散してしまうので、一度クラゲをボウルなどの別の容器でやさしくすくってから、そのボウル内で一定時間エサを与えるといい。その後、もといた水槽にもどしてあげればエサによる海水の汚れなども最小限に抑えられる。飼育水温は生息水温よりやや低めがいいだろう。

　それでは、家庭でも比較的飼いやすい代表的なクラゲについて、飼い方を紹介しよう。

●ギヤマンクラゲ（軟クラゲ目）

　飼育が容易でしかも美しい（図 6-3：85 ページ）。数個体クラゲを飼っていると自然と壁面にポリプが付着している。そのポリプにはクラゲ芽がつくられ、やがてクラゲが離れる。ブラインシュリンプをよく食べる。すなわち、比較的容易にポリプ、クラゲ、またポリプと生活史をまわせる。ただし、触手が非常に長いので、水流をうまくコントロールしないと触手同士がからんで沈んでしまう。飼育水温は 10 〜 20℃。

●コブエイレネクラゲ（軟クラゲ目）

　室温でも飼育可能で、ポリプからも簡単にクラゲを出してくれる（図 6-13）。ブラインシュリンプをよく食べ、まさに飼育初心者にもやさしいクラゲである。鳥羽水族館の水槽内で発見されてから、

第6章　クラゲの魅力－クラゲはなぜ水族館の人気者になったのか

様々な水族館で発見されているが、天然海域ではまったく観察されていない不思議なクラゲでもある。飼育水温は10〜20℃。

●マミズクラゲ（淡水クラゲ目）

なんといっても真水で飼えることがメリット。エサのブラインシュリンプは真水で洗ってから与える。ポリプはカギノテクラゲのようにどんどんフラステュールを出して、それがまたポリプに変態して増えていく。ポリプからもポリプが出芽してどんどん増えていく。飼育水温を26〜28℃に上げるとポリプから今度はクラゲ芽が出て小さなクラゲが離れる。小型のクラゲなので、ろ過やエアレーションをせずに、こまめに水を換えることで飼育できる（図6-14）。飼育水温は20〜

図6-13　コブエイレネクラゲ（傘径2〜3cm）

図6-14　マミズクラゲ（傘径2cm）

95

28℃。

●ミズクラゲ（旗口クラゲ目）

手に入りやすい。ポリプはブラインシュリンプを与えておけば勝手に増える。水温を下げることによってストロビレーションを起こし、エフィラが離れる。エフィラは小型なため、ろ過やエアレーションなしで、こまめに水を換えて飼育する。稚クラゲから成体クラゲに育てるには、大量のエサと大きな水流を作れる水槽が必要。飼育水温は 15 〜 20℃。

●カラージェリー（根口クラゲ目）

東南アジアなどから輸入して販売されている（図6-7：88ページ）。美しく色彩も豊富なため人気があるが比較的高価である。ブラインシュリンプを与える。動きが速いが、やはり沈まないように水流を作る必要がある。飼育水温は 23 〜 25℃。

●タコクラゲ（根口クラゲ目）

ポリプでもクラゲでも、体内に光合成をする共生藻がいるため、強い光が必要になる（図 6-6：87 ページ）。できれば植物育成用の強い照明を 1 日 16 時間は点灯し、残る 8 時間は消灯するというリズムがよい。体が濃い茶色のものほど共生藻が多く、状態としてはよい。成体クラゲの飼育には大きな水流を作れる水槽と強い光が必要だが、それでも成体の寿命はせいぜい 4 カ月ほどである。飼育水温は 25 〜 28℃。

●サカサクラゲ（根口クラゲ目）

寿命が長く最も飼いやすい（図 6-8：89 ページ）。タコクラゲと同じく体内に共生藻がいるため、光が必要になる。植物育成用の照

第6章　クラゲの魅力-クラゲはなぜ水族館の人気者になったのか

明で、6 時間明るくし 18 時間暗くするというリズムがよい。丈夫だが水底で生活するために食べ残しや糞が体に付きやすく、ひどい時はカビが生えたりするため、こまめに掃除する必要がある。飼育水温は 25 〜 28℃。

　さて、飼育や展示を通じてクラゲが身近に感じられただろうか。以降の章では話題を変えて、クラゲがどうやって現在のように多種多様に繁栄してきたのか、そして近年大きなニュースにもなったクラゲの大量発生の問題や人間との関係について具体的に考えていきたい。

> **もっと知りたい！**

インドメタシン

　インドメタシン配合という薬品を聞いたことがあるだろうか？　炎症や痛みなどを抑える効能をもつ物質で、多くの湿布薬やぬり薬などに含まれている。このインドメタシンが、ミズクラゲなどのストロビレーションを起こす原因になることがわかってきたのだ。詳しいメカニズムは完全には明らかにされていないが、単純に水温を低下させるよりもはるかに短期間でエフィラを離れさせることができる。これは、クラゲを飼育している水族館などにとっていつでもエフィラやクラゲを展示できる点でとてつもなく朗報である。今のところインドメタシンの効果はミズクラゲなど一部のクラゲにしか見られないが、近い将来ポリプから自由にクラゲを離れさせられる日が来るかもしれない。ただし、場合によっては泳ぎだしたエフィラの形態が変わったりすることもあるようなので注意が必要だ。

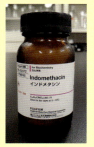

第7章 どうやって生き残るか
―生きるための戦略

　クラゲは今から5億4千万年前に地球上に姿を現し、現代までその姿かたちをとどめながら生き残っている非常に貴重な生物である。多くの生物が絶滅してきたなかでクラゲが生き残ってこられたのは、彼らが様々な環境変化に適応した生き方をしてきたということであろう。ここでは、クラゲの優れた生存戦略、つまり個体や群れが生きのびるうえで育んできた作戦について、他の生物との食う―食われるの関係（食物連鎖）、エサをめぐる競争や共生関係といった側面から見てみよう。

クラゲは何を食べるのか

　クラゲ類はひたすらエサを食べ続ける大食漢の生物である。そして、古代より食物連鎖の常に上の位置、すなわち強い（食う）方の立場にいる。例えば、東京湾に生息する体重1 kg（大型サイズ）のミズクラゲは、1日に主食の甲殻類動物プランクトンを1.3 g程度は食べるといわれている。意外に少ないと思うかもしれないが、濃密なミズクラゲのパッチの規模を考えると、そこにいる動物プランクトンがほとんど食べ尽くされるくらいの量である。そのためミズクラゲの群れはエサを求めて移動するが、その速度は魚類などと違い非常にゆっくりである。ただ、ミズクラゲは浅いところと深い

第7章 どうやって生き残るか−生きるための戦略

ところを行き来することは少ない。東京湾で主にエサとなる動物プランクトンは *Oithona davisae* という体長 0.1 mm ほどの小さいカイアシ類（エビ・カニ類が属する甲殻類の仲間）で、海表面から海底まで深さに関係なくまんべんなくいる（図 7-1）。このため

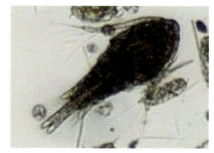

図 7-1　東京湾におけるミズクラゲの主食となるエサ *Oithona davisae*
一年中生息している小型の動物プランクトン

ミズクラゲは海水中を上下にあまり移動せずにエサにありつくことができると思われる。

　一方、ミズクラゲよりも体がはるかに大きなエチゼンクラゲはどうかというと、エサを食べるための「口」は意外にも非常に小さい。エチゼンクラゲは鉢クラゲ綱の根口クラゲに分類されるが、この仲間は口腕の先端部に小さな穴が多く開いているのが特徴である。その穴から吸うようにしてエサを食べる。あの巨大な体は小さな動物プランクトンをエサにして支えられているのである。ちなみに、魚の中で最大級のジンベエザメやウバザメの主食がオキアミなどの動物プランクトンだということを知っている人は多いと思う。大きな生物のエサが意外にも小さな動物プランクトンであることには実は大きな理由がある。

　食物連鎖のピラミッドを考えてみよう（図 7-2）。一番上にエチゼンクラゲなどの大型のクラゲがいるとすると、本来なら小さなプランクトンとの間には小魚のグループが入るはずだ。しかし、クラ

99

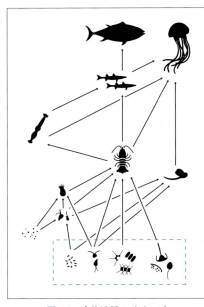

図7-2　食物連鎖のイメージ

ゲはこれらを食べずに、もう一段階下の動物プランクトンを直接エサにしている。ピラミッドの一番上の動物（クラゲなど）1個体、これを仮に1 kgとしよう。それを生態系内で支えるには、エサとなるその下の階層の生物は10 kg必要だといわれている。もしクラゲが小魚などを食べ、小魚は動物プランクトンを食べているとすると、クラゲ1個体を支えるのに、小魚は10 kg、動物プランクトンは100 kg必要ということになる。しかし、クラゲが動物プランクトンを直接食べるのであれば、クラゲ1個体を支えるために必要な動物プランクトンは10 kgで済むということになる。このように、小魚を飛び越えて動物プランクトンを直接エサにするということは、非常に効率のよい摂餌方法だといえよう。

　話が脱線したが、豪快に食事をするクラゲもいる。例えばヒドロクラゲの仲間で最大のオワンクラゲ（図4-3：61ページ）は一見あまり動かず静かに浮遊しているだけのように見られるが、エサを食べる時はおそろしくどう猛で、他のクラゲ類や小魚などを大きな口を開けて丸呑みにする。このように、エチゼンクラゲとは対照的

第7章 どうやって生き残るか－生きるための戦略

に狩りを活発に行うクラゲもいる。アンドンクラゲ（図 5-2：75 ページ）などの立方クラゲは強力な刺胞をもつ触手で他の小魚などを捕る立派なハンターである。

クシクラゲも貪欲に海水中の動物プランクトンを食べあさる。カブトクラゲをはじめとするクシクラゲ類は、櫛板に生える数十万本の繊毛を動かすことによって遊泳する（図 6-9：90 ページ）。カブトクラゲの名前は、袖状の突起を広げた様子が武士の兜に似ていることから名付けられた（図 4-12：69 ページ）。この袖状の突起を前後に動かすことによって水流を作り、動物プランクトンを集めて捕食する。カブトクラゲは高い密度でパッチ状に出現し、エサをすさまじい勢いで食べ尽くしてしまう。このような摂餌戦略は上述したミズクラゲと非常に似ている。カブトクラゲの成長は、水温が上昇してエサとなる動物プランクトンが増加する春〜夏にかけて活発になり、夏〜秋における大量発生のもとになる。ところが、秋の終わりから冬にかけて急激に消失する。これは秋季の動物プランクトンの減少、特にカブトクラゲ自身の大量発生によって競争が起こりエサ不足におちいったりすることが原因といわれている。すなわち、カブトクラゲの個体数は、海水中のエサとして動物プランクトンの数に完全に左右される。

クラゲを食べるクラゲ

次にクラゲをエサとしているクラゲを紹介しよう。キタユウレイクラゲ（図 7-3）は、世界最大級のクラゲとして知られ、傘径 2 m、

101

図 7-3　キタユウレイクラゲ（傘径 20 〜 50 cm）

触手の長さは 40 m 程度の観察例もある。北極海など寒い海域で主に生息している。キタユウレイクラゲは傘径こそエチゼンクラゲより小さいものの、触手の長さはクラゲ界で最長だ。そして、これほどの大きさを維持（いじ）するわけだから、その食欲は非常に旺盛（おうせい）なうえにエサとして最も重要なのがクラゲ類だといわれている。すなわち、クラゲ類が短期間に急激に成長するには、ゼラチン質を多く含（ふく）むエサを食べるのが一番効率的なのである。実際に水族館などではキタユウレイクラゲや近い種類のユウレイクラゲ（図 7-4）などを飼育する際に、大量のミズクラゲを食べやすい大きさにカットして与（あた）えている。ユウレイクラゲは長い触手や口腕でそれをからめ取って食べる。ヨーロッパのバルト海などでは、ミズクラゲのシーズンが終わりそうになるとキタユウレイクラゲが出現し、弱ったミズクラゲを大量に食べることで急激に成長し、ミズクラゲに取って代わって海域でいちばん多く出現する種（優占種（ゆうせんしゅ））となる。

どうやって生き残るか－生きるための戦略

　また、ミズクラゲのエフィラも春先に急激に成長する時には、同じ時期に大量に出現するシミコクラゲ（図 4-14：71 ページ）を食べて栄養としている。日本で見られるクラゲ食のクラゲとしては、上述したオワンクラゲと近い種類であるヒトモシクラゲ（図 7-5）、暖流域に生息するアマクサクラゲ（図 7-6）なども知られている。

　クシクラゲではウリクラゲが

図 7-4　ユウレイクラゲ（傘径 20 〜 50 cm）

図 7-5　ヒトモシクラゲ（傘径 5 〜 20 cm）

図 7-6　アマクサクラゲ（傘径 10 〜 20 cm）

103

カブトクラゲを好んで食べることが知られている。ウリクラゲもカブトクラゲと同じクシクラゲの仲間で、その名の通り野菜の瓜に似た形をしている（図 1-13：24 ページ）。しかし、ひとたび口を開けば、たとえ全長が 1 cm 程度のウリクラゲでも、10 cm 程度のカブトクラゲを吸いつくようにして丸呑みにする。ウリクラゲが大量発生すると大好物のカブトクラゲは食べ尽くされるため、その海域からはカブトクラゲが急速にいなくなってしまう。

> もっと知りたい！

大きいクラゲ小さいクラゲ

　大きなクラゲといってすぐに思い浮かぶのが、大量発生して日本海沿岸などに多大な被害をもたらしたことのあるエチゼンクラゲだろう。大きなもので傘径 2 m、重量 200 kg にもなり、まさにクラゲ界の巨漢である。しかし、それ以上に大きなクラゲの報告もある。それは、北海などの亜寒帯海域に生息するキタユウレイクラゲだ。アメリカ大西洋沿岸のマサチューセッツ湾で発見されたキタユウレイクラゲは傘径 2.3 m、そして驚くべきことに触手の長さは、37 m にも達していたといわれている。

図　ハイクラゲ（傘径 0.05 cm）

　逆に産まれたてというわけではなく成体で小さいクラゲといえば、泳がないクラゲのハイクラゲ（ヒドロクラゲ類）（図）である。傘の部分が退化して平たい円盤のようになってしまい、その大きさは約 0.05 cm である。暖かい海の岩礁や海藻の上を、その名の通り這い回って生息しているが、小さいために目にとまることはほぼないだろう。クラゲになっても分裂して増えるために、潮間帯の潮だまりなどで大量に発生することもある。

第7章 どうやって生き残るか-生きるための戦略

クラゲの天敵

　逆にクラゲを食べる生物には何がいるだろうか？　数センチメートル以下の小さなクラゲやエフィラ幼生などは、魚類や他の大型動物プランクトンに容易に捕食されてしまうだろう。ミズクラゲではエフィラの時期に99％が摂餌され、親と同じ形になったころの生残率（生き残る割合）は1％に過ぎない。しかし、成長した大型鉢クラゲはそうやすやすとは他生物に捕食されない。

　クラゲを捕食する生物の中で最も代表的なのがウミガメの仲間だろう。ウミガメが海面に浮いているビニール袋などをクラゲと間違えて食べてしまい、それが食道などに詰まって死んでしまった事故も耳にする。また、水族館や研究所では実際にアカウミガメにミズクラゲの一部をエサとして与えていて、すばやく食いつく様子を観察できる（図7-7）。ウミガメの他に、クラゲを食べる代表的な生物はマンボウであろう。マンボウは魚でありながら海表面にゆったり横たわって移動しており、やってきたクラゲをエサとして食べている。逆に考えれば、クラゲのような泳ぐ速度の遅い生物でなければ、マンボウは捕まえるこ

図7-7　アカウミガメによるミズクラゲの捕食

とができないのであろう。このほかカワハギやタイの仲間が大きなエチゼンクラゲの体をついばんで食べているのも観察されている。実はエチゼンクラゲの大きな体の下には、多くの魚類がそこを住み家として生息し、いっしょに遊泳している。そのためエチゼンクラゲが大量に日本沿岸に来襲してきた時には、多くのカワハギやタイの仲間も同時に流れてくるのだ。

　それでは、今度は少し小型の無脊椎動物に目を向けてみよう。まず、甲殻類（エビやカニの仲間）ではイセエビなどの赤ちゃんであるフィロソーマ幼生がクラゲを好んで食べる。フィロソーマ幼生はクラゲ類を乗り物のようにしてあつかい、クラゲの傘の上に乗っかりながら移動する（図 7-8）。そして、最後には乗せてもらったクラゲを食べてしまうというなんとも効率的で残酷なあつかいをするのである。

　クラゲノミもクラゲの天敵だ（図 7-9）。やはり甲殻類に属する端脚類の仲間で、夏から秋にかけてミズクラゲなどクラゲ類の胃腔内に寄生する。クラゲノミはクラゲをエサとして食べながら胃腔内で成長・産卵し、新しく産まれた幼生は別なクラゲに寄生するために海中へと泳ぎだす。寄生されたクラゲはたい

図 7-8　様々なクラゲの上に乗っているフィロソーマ幼生
　　　　（提供：若林香織）

第7章　どうやって生き残るか－生きるための戦略

てい弱って死んでしまうので、クラゲにとって最も迷惑な生物かもしれない。

次に、軟体動物の貝類ではどうだろうか？　ほとんどの貝類は岩などに付着しているのでクラゲなどはめったなことでは食べないが、アサガオガイやルリガイなど海表面を漂いながら生活している浮遊性の貝類は、出会ったカツオノエボシやギンカクラゲをエサとして食べてしまう（図7-10）。

このようにクラゲ

図7-9　カミクラゲの傘に集まる多数のクラゲノミ（提供：真木久美子）

図7-10　アサガオガイ（提供：黒潮生物研究所）

は、実は他のいろいろな生物に食べられている。時として大量発生したクラゲは大迷惑かもしれないが、いざクラゲがいなくなるとほかの海洋生物にも大きな影響が出る。

107

クラゲと他生物との共生関係

　共生とは何種類かの生物がお互いに関係をもちながら同じ場所で生活することをいう。その中でも、ある生物が他の生物から一方的に栄養などを奪っている場合を特に寄生と呼ぶ。

　クラゲと甲殻類は食べたり食べられたりと、ある意味ライバル関係にあるが、クラゲを中心とした小さな生態系をつくって、そこでお互いにうまく共生している例もある。

　瀬戸内海にはエビクラゲ（図 7-11）という根口クラゲ目のクラゲがおり、多くのコエビ類と共生している。コエビ類はクラゲの体から出てくる粘液にからまった有機物や微小プランクトンをエサにしている。クラゲにとってみれば、体をきれいにしてくれるので有益なのかもしれないが、その効果はわからないのでコエビ類にとって有利な共生関係といえる。他のコエビ類ではクラゲモエビが、タコクラゲ、エチゼンクラゲ、ビゼンクラゲなどに共生している。これらのクラゲはすべて根口クラゲ目に属しており、比較的大型であることや、傘の下部が複雑で生息しやすい構造になっていること、毒性が比較的弱いことなどが共生と関係していると思われる。

図 7-11　エビクラゲ（傘径 20 〜 30 cm）

　魚との関係でいえば、前に書いたがエチゼンクラゲやビ

第7章 どうやって生き残るか－生きるための戦略

ゼンクラゲ（図7-12）を捕ると小魚が数多くついていることがある。ただ、これらの魚はクラゲをシェルター代わりにしたり、ついばんだりしているため、共生というより身を守りながらエサとしても利用しているといった方がいいのかもしれない。その中でも、ムラサキクラゲと魚類、特にアジの仲間との関係は興味深い。ムラサキクラゲ（図7-13）は、沖縄など南の暖かい海に生息する美しいクラゲで、筆者も西表島での潜水中に遭遇したことがある。ムラサキクラゲには必ずといっていいほどアジが寄り添っている。しかも、幼魚だけでなく成魚もだ。そこまで寄り添いながら育つということは、ただ単にムラサキクラゲをエサとして使い果たすためにいっしょにいるとは考えにくい。そして、ダイバーがムラサキクラゲに近づこうとすると、ムラサキクラゲを守るように必ずアジが間に割って入るのだ。そして、こちらを威嚇しながらムラサキクラゲの傘をツンツンつつき始める。そうすると、ムラサキクラゲは逆方向に泳ぎ始めるので結果的にダイバーから遠ざかってゆく。すなわち、アジによって外敵から守られているとも見えるのだ。このように、うまくムラサキ

図7-12　ビゼンクラゲ（傘径40～80 cm）

図7-13　ムラサキクラゲ（傘径10～20 cm）

109

クラゲを手繰りながらいっしょに生活しているアジとの関係は限りなく共生に近いものなのではないだろうか。

タコクラゲと褐虫藻の共生関係

　動物だけでなく植物（藻類）とうまく共生しているクラゲもいる。タコクラゲはすでに何度も紹介したように暖かい海に生息している美しいクラゲである。美しさのもとは、その体内に共生している褐虫藻といわれる植物プランクトンである（図7-14）。

　タコクラゲは褐虫藻が光合成を行って生産した有機物をエネルギー源として利用している。一方、褐虫藻などの藻類の成長には、光のほかに陸上植物と同じく窒素やリンなどの栄養塩が必要である。そこで褐虫藻はタコクラゲから排出される窒素などを栄養源として利用しており、両者の関係は共生と考えられる。褐虫藻はタコクラゲ以外にも同じ刺胞動物でサンゴ礁をつくる造礁サンゴ類と呼ばれる仲間にも多く共生している。褐虫藻が光合成によって有機物をつくり、それをサンゴ類が直接利用している。そのため褐虫藻を共生させているサンゴ類は成長する速度が速く、どんどん増殖しサンゴ礁ができあがっていく。このように褐虫

図7-14　クラゲの体内に共生する褐虫藻

第7章　どうやって生き残るか－生きるための戦略

藻を体内に共生させているのは、その生物の生存・成長にとって非常に重要なのである。

　タコクラゲは光に対して向かっていく行動、すなわち明らかな走光性を示す。野外でのタコクラゲは湾内などの陽の当たる場所に集まっており、日陰では見つからない。飼育している水槽の中では、光を照らすことによりタコクラゲがわずか数秒で水槽の端から端まで光の方へと泳いで移動することを確かめることができる（図7-15）。そして、今度は深いところに光源を置いてみると、表層を遊泳していたタコクラゲがなんと底に向かって遊泳を始めるのだ。また、水槽内に様々な明るさの区域を人工的につくってみると、最も明るい区域に集中して分布するようになる。それほどまでにタコクラゲは光に飢えているのだ。

　それでは、タコクラゲは光の何に反応しているのだろうか？　色なのか、それとも単なる明るさなのか。ここで、光とはどういったものなのか簡単に説明をする（図7-16）。そもそも光は、波の動き（波動）としての特性と、粒子としての特性を両方もっている。波動の

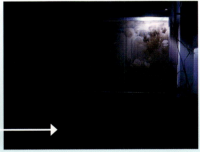

図7-15　タコクラゲは、光刺激を与えた後、4秒以内に光に対して反応し、約95％の個体が光源に向かって遊泳した

111

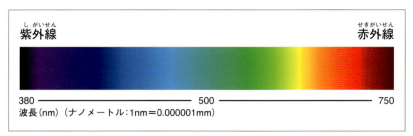

図 7-16　光の色と波長の関係
色のついた範囲は、人間が認識できる（可視光線）

特性として、光は反射したり、屈折したりする。この現象は鏡やレンズを使った実験などで小・中学校でも学ぶだろう。そして、光が当たった物体から反射される色が光の色となって表れる。そのうち、われわれ人間の目に見える色をもつ光を可視光線といい、紫、青、緑、黄、赤などの色に分けられる。

　一方、光の量は一定面積に当たる光の粒子の量（密度）として表される。そこで、様々な色の光をタコクラゲに照射してどのような行動をとるのかを観察してみた。するとタコクラゲはどの色の光でも光の密度が高くなると、誘われることがわかった。すなわち、タコクラゲの行動に最も影響しているのは光の量（密度）であり、色はあまり重要ではないことがわかった。

　光の量が最も重要であり、光を求めて行動するのがタコクラゲであるとすれば、その行動はいったい何のためなのだろうか？　タコクラゲの行動は、実は体内の褐虫藻の数に左右されるのではないか、という疑問が出てくる。そうであれば褐虫藻の多くいる個体ほど光に影響されるはずである。しかし、タコクラゲに遠くから光を当てる実験をしてみると、光が弱いとタコクラゲは集まらないが、光が

第7章 どうやって生き残るか−生きるための戦略

強ければ褐虫藻が多い個体も少ない個体もみんないっせいに集まった。このことから、タコクラゲが光に誘われる理由として褐虫藻の数はあまり影響していないことがわかる。褐虫藻がきわめて少ないタコクラゲは確かに若干小型であるが、それでもちゃんと光をめざして遊泳する。すなわち、光合成で生産される有機物を必要とするタコクラゲと、タコクラゲから得られる栄養を必要とする褐虫藻のお互いの利益が一致したため、両者は長い進化の過程で共生関係に至り、光に向かっていくタコクラゲの行動が見られるようになったのではないかと考えられる。ただ、時として褐虫藻はタコクラゲの体内から出て自由に遊泳を行い、海水中で細胞分裂して増殖することもできる。すなわち、褐虫藻はタコクラゲと海水の間での出入りが自由で、いつでも出て行くことができる。褐虫藻は個体を増やすのによりよい環境があれば、容易に出て行ってしまう浮気者のようなところもある。

　それでは両者の共生関係は、タコクラゲの生活史のいつから始まるものなのだろうか？　タコクラゲの様々な成長段階（ステージ）を顕微鏡でよく観察してみると、エフィラ、ポリプ、プラヌロイドのいずれの段階にも褐虫藻は共生している（図7-17）。すなわち、プラヌラ幼生が着底してポリプに変態した直後の早い段階で、タコクラゲは褐虫藻を体内に取り込んで成長する。プラヌロイドがポリプから生じると、ポリプに取り込まれていた褐虫藻はプラヌロイドの中にも移動する。

　タコクラゲの体内に共生している褐虫藻にとって、タコクラゲが光に向かって行動してくれるから光は十分に手に入れることができ

113

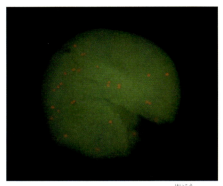

図 7-17　タコクラゲのプラヌロイドの蛍光写真
　　　　 赤く光っているのが褐虫藻

るだろうが、窒素などの栄養はタコクラゲがつくりだす量で十分なのだろうか？ 実際にパラオでは、タコクラゲの一種が夜間に栄養塩をより多く含（ふく）んだ海中深くにわざわざ移動し、体内に栄養塩を補給しているのが観察されている。また、この性質を利用して栄養塩を豊富に含んだ深いところの海水（海洋深層水）をポンプでくみ上げて、観賞用として人気のあるタコクラゲを効率よく増やす試みも行われている。このように、タコクラゲは体内に藻類を共生させることで、光と栄養塩を直接「食べる」ことのできるめずらしいクラゲなのである。

　サカサクラゲもタコクラゲのように体内に藻類を共生させている。しかし、成体のサカサクラゲ（図 6-8：89 ページ）は、傘のてっぺんを下にして口腕部（こうわんぶ）を上に向けて逆さまの状態で海底に沈（しず）んで生活しているため、光に対して積極的に行動することは少ない。つまり、クラゲになっても移動する力がないので、エフィラがどこに着底するかが非常に重要になってくる。基本的にサカサクラゲは、藻類の光合成によって食べ物（有機物）を得ているので、動かずにあまりエサをとらなくても生きていけるが、光合成に適した場所から離（はな）れると生存は厳しくなる。そのためサカサクラゲは、暖かくて水の澄（す）んだ水深 5 m 以内の浅い海で多く見受けられる。例えば、パ

第7章 どうやって生き残るか－生きるための戦略

ラオのマングローブ林に囲まれた海水湖では人の身長くらいまでの深さの場所にコロニーがよく観察される。このような海水湖ではよく光が底まで届き、時として底一面がサカサクラゲで埋め尽くされるほど大量発生することもある。ただし、最近の研究では褐虫藻の成長に強過ぎる光はあまり

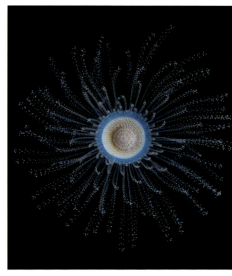

図7-18　ギンカクラゲ（ポリプ期：全長4～5cm）

よくないことがわかってきている。そのためサカサクラゲは、光が強くなると自身の体色を濃くして光を吸収させることで、褐虫藻に当たる光の量を減らすことが知られている。これもまたよくできた共生生活であり、自然への適応方法である。

　褐虫藻は海表面を漂うヒドロクラゲの仲間であるギンカクラゲ（図7-18）やカツオノカンムリなどにも共生している。これらの種類でも褐虫藻がエネルギー獲得の手助けをしており、依存する度合も非常に高いものと思われる。

　さて、クラゲの生き様がわかってきたところで次の章では大量発生するクラゲの謎にせまっていくことにしよう。

115

第8章 クラゲはなぜ大量に増えるのか

　クラゲがよく話題になるのは、日本近海で大量発生した時だろう。その群れは、時には宇宙から人工衛星でも確認できるほど大規模で、しかも濃密である。しばしばクラゲの群れは「パッチ」ともいわれる。空からクラゲの群れを見た時に、群れの一つひとつがそこかしこにモザイク（パッチ）状に見えるからである。クラゲ類の増加が世界中の海域で問題になってきたのは1980年代後半からで、日本近海では、東京湾、伊勢湾、大阪湾などの内湾域におけるミズクラゲの大発生が今でも大きな問題となっている。

ミズクラゲのパッチ

　ミズクラゲのパッチはどのようにしてできるのだろうか。多くの海洋生物は群れをつくる。これは繁殖などに不可欠だからであるが、ミズクラゲも例外ではない。エフィラなど遊泳能力が乏しい時期には水の流れなどの物理的要因によって集まる傾向があるが、成体になったミズクラゲは、みずからの力で拍動、遊泳する能力があるため、必ずしも水の流れによって集められる場所に出現するとは限らない。例えばミズクラゲパッチの中にブイを浮かべてしばらく観察すると、パッチからブイはじょじょに遠ざかって行ってしまうのだ。しかも、ミズクラゲのパッチはきちんとその形を保っているのであ

116

第8章 クラゲはなぜ大量に増えるのか

る。これはミズクラゲ自身が化学刺激などによって互いをきちんと認識している行動であると考えられ、実際に水槽内でミズクラゲ同士がひきつけ合う行動も観察されている。

ミズクラゲの大量発生

ミズクラゲ（図8-1）の大量発生は、東京湾では1960年代中ごろからくり返し起こっている。ただ、最近20年では2003年と2009年に比較的大量に発生したものの、東京湾での大発生の回数は多くはない（図8-2）。次章で詳しく述べるが、ミズクラゲの大量発生は漁業などにも大きな影響を及ぼしており、瀬戸内海ではミズクラゲの大量発生とサワラ等の漁獲量の減少が関連していると指摘されている。また、三陸沿岸や北海道の周辺海域ではミズクラゲの仲間のキタミズクラゲ（図8-3）の大量発生がしばしば観察されている。ミズクラゲのパッチは、時として1立方メートル当た

図8-1　ミズクラゲ（傘径2〜40 cm）

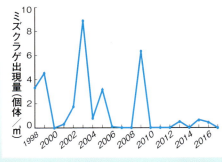

図8-2　東京湾の年平均ミズクラゲ出現量の変動

117

図8-3 キタミズクラゲ（傘径15〜25 cm）

り1000個体近い高い密度で現れることもあり、その大きさが約1 km^2 にも及ぶ大規模なものも観察されている。

ミズクラゲがいつから大量発生し始めたのかを知ることは、その原因を探るために重要であるが、残念なことにきちんとした過去の研究記録はほとんどない。しかしながら、人間活動の活発化による環境変動、すなわち沿岸部の埋立、漁獲による魚類資源の減少、全地球的な温暖化等がクラゲ類の増加を引き起こしたのは間違いないだろう。その中でも特に指摘されていることは、下水・排水によって海に窒素やリンなどの栄養塩と呼ばれる物質が大量に流れ込むことによって生じる富栄養化である。海の富栄養化が進んで水中の植物プランクトンが増え、その結果クラゲのエサとなる動物プランクトンが増えた。第4章で述べたように、ミズクラゲは大食いの生物であり、大量に動物プランクトンを摂餌すると急速に成長する。すなわち、栄養豊富でエサも多い東京湾は大食いのミズクラゲにとってはまさに天国のようなところだ。

ミズクラゲのポリプにとっても東京湾は天国だ。すなわち、ポリプが付着することができる岸壁、浮き桟橋、橋脚などの人工構造物の増加もミズクラゲ大量発生の大きな原因といわれている。図3-3（45ページ）で見たように浮き桟橋の下には、多くのポリプのコロニーがあり、まさにクラゲが離れようとしているストロビラも数多

第8章 クラゲはなぜ大量に増えるのか

く観察できる（図8-4）。そして、このポリプコロニーにあるストロビラを追跡調査すれば、次の夏にだいたいどれくらいのミズクラゲが発生するのか予測ができる。ポリプが大量にあってもストロビレーションを起こしていなければミズクラゲの大量発生には結びつかない。そのストロビレーションを引き起こす要因は環境の変化であることを考えれば、変動の激しい環境下に生息しているポリプの存在が大量発生にダイレクトに結びついているのではないだろうか。実際に、水温などの環境が安定している東京湾の出入口、湾口部のポリプコロニーは、1年を通じて高密度で存在していたが、そこにストロビラはほとんど観察されなかった（図8-5）。逆に、湾奥部のポリプコロニーは、春から夏にかけ

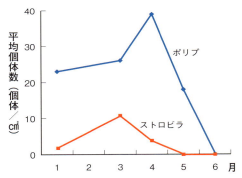

図8-4 台場におけるミズクラゲのポリプとストロビラの平均個体数の変化

図8-5 神奈川県城ヶ島の浮き桟橋裏におけるミズクラゲのポリプコロニー
白い点がすべてポリプ。中央の円中の格子1マスが1 cm

119

て他の付着生物によってその生息スペースを奪われ、時には全滅したものの、多くのポリプは春までにストロビレーションを起こしていた（図 3-3：45 ページ）。そして、予測されるエフィラの数は湾奥部の方が圧倒的に多かった。つまり、安定した環境が増えることがポリプの生息には適している。ただ、ポリプのままでいれば、クラゲは大発生しない。すなわち、湾奥部のように水温などの環境が不安定である方が、より多くのエフィラを離れさせることができ、結果的にクラゲの大量発生を引き起こしているのではないかと思われる。そして、そのような環境下にあるポリプコロニーがどの程度他の付着生物によって占有され滅びてしまうのか、というような年による変動こそがミズクラゲ大量発生の見られる年と見られない年の違いを引き起こしているのだろう。

大量発生が生態系に与える影響

　前述したようにミズクラゲは大食いで、とにかくエサがあれば食べて体を成長させる。特に、世界最大級の東京湾のミズクラゲの食欲はすさまじく、多くの動物プランクトンを食べ、海域から消失させている。ミズクラゲのパッチの中の動物プランクトンの量を測定してみると、もともとあった数の 80％ 近くが摂餌されていることもある。ミズクラゲの遊泳速度は秒速 1 cm、時速では 36 m 程度なのでパッチの移動は比較的ゆるやかだが、ミズクラゲパッチはゆっくりと移動して、まるで掃除機のように動物プランクトンを海域から消滅させているのである。また、夏の東京湾ではアサリが産

第8章 クラゲはなぜ大量に増えるのか

卵するため、その幼生が数多く海水中に生息している。そこでこの時期のミズクラゲの胃腔を調べてみると、二枚貝の幼生が大量に観察される。すべてがアサリの幼生ではないが、アサリを食べる人間にとっては非常に大きな問題である。このように捕食者として動物プランクトンの生態系に与える影響を考えてみると、クラゲの大量発生が海洋生態系に与える影響は非常に大きい。

エチゼンクラゲ大発生

最近の大量発生の話題といえばエチゼンクラゲであろう。エチゼンクラゲの名前は、1922年に福井県で採集された標本をもとに、旧国名の越前にちなんで東京帝国大学の岸上鎌吉博士が命名した。エチゼンクラゲが大量に日本近海に来襲したのは、1920年（〜22年くらいまで）、58年、95年とほぼ40年おきだったが、2002年以降は、03、05、06、07、09年とほぼ毎年大量発生し、定置網などの沿岸漁業に深刻な被害を与えた（図8-8、8-9）。

それでは、なぜ近年こんなにもエチゼンクラゲの大量発生が見ら

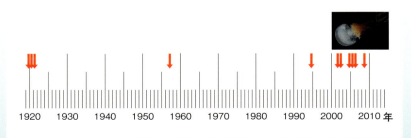

図8-8　1920年から2014年まで日本近海でエチゼンクラゲが大量発生した年（赤い矢印）

図8-9 東京海洋大学神鷹丸船上に大量に水揚げされたエチゼンクラゲ

れるようになったのだろうか？エチゼンクラゲの発生海域は、中国と朝鮮半島に囲まれた渤海、黄海、そして東シナ海沿岸部である。この海域の環境とそこに住む生物の種類の変化がエチゼンクラゲの大量発生の原因と考えられる。すなわちこの章の初めに解説したように、ミズクラゲの大量発生が日本の経済発展とともに続出したことと同じく、中国国内の経済発展にともない、海域の富栄養化、橋や港湾といった人工構造物などの増加、さらには地球温暖化などの影響により、エチゼンクラゲの大量発生が頻発したものと思われる。そして、このような海洋環境の変化は現在も進行しており、エチゼンクラゲの大量発生がまた頻発する危険性は残っている。一方で、エチゼンクラゲが中国沿岸域で大量発生しても、それが日本海に入り込まなければ、少なくとも日本の水産業にとっては大きな問題とはならない。すなわち、今後は発生したエチゼンクラゲが、どの程度の規模で、いつ日本近海に到達するのかという予測を行い、事前に備えることが重要である。

　最近の研究では、中国沿岸域で発生したエチゼンクラゲのうち、長江河口付近で発生したクラゲが表面近くの塩分の低い海水とともに沖合に運ばれ、東シナ海を北上する対馬暖流に巻き込まれて成長しながら、日本海に侵入するといわれている（図8-10）。そして、稚クラゲから成体クラゲになるまでには数カ月かかるが、最終的に

第8章 クラゲはなぜ大量に増えるのか

は傘が約2 m、重さが200 kgにも達する。つまりクラゲになってからの成長が非常に速く、しかも巨大化する。そして、大量に発生した年には、日本海からさらに北海道と青森の間の津軽海峡をぬけて太平洋側に入り、今度は陸に沿って岩手県の三陸沖を南下し、神奈川県沖の相模湾にまで来ることもある。このように輸送ルートが明確になれば、その上流域でのエチゼンクラゲの発生の程度から、日本への来襲予測は可能なように思われるが、それを監視する仕組みなどはなく、中国の領海内で日本が調査を行うことも難しい。そこで現在では、日本と中国や韓国を結ぶフェリーに初夏から秋まで継続して乗船して、目視でクラゲを観測するエチゼンクラゲウォッチや、東シナ海沖合域における水産庁の調査船を利用した来襲予測が行われている。この結果、少なくともその年が日本近海における

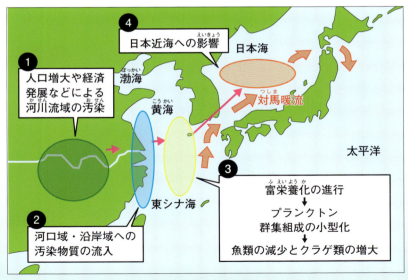

図8-10　エチゼンクラゲの大量発生メカニズム

123

エチゼンクラゲの大量発生年に当たるかどうか、かなり高い確率で予測できるところまで来ている。

　また、気になるのは来襲したエチゼンクラゲが大量に産卵しているのではないかという点である。日本沿岸に来たエチゼンクラゲがどこでどのくらい産卵しているのかはわかっていないが、生殖腺の観察などから1個体当たり約1000万個の卵を放出しているものと思われる。しかし、相当な数の産卵があったとしても幸いエチゼンクラゲのエフィラやポリプは日本沿岸域でこれまで見つかっていない。すなわち、中国沿岸から来たエチゼンクラゲは日本近海で子どもを産むことなくすべて死に絶える、いわゆる死滅回遊だと思われる。

もっと知りたい！

エチゼンクラゲの来襲予測

　エチゼンクラゲの調査研究が本格的に始まったのは、2004年の農林水産省のプロジェクトからであり、それまではエチゼンクラゲの生態や分布についてはまったく知られていなかった。そこで、エチゼンクラゲ対策に関わっている大学、都道府県、漁協、漁業関係者等、様々な機関からの報告をもとにエチゼンクラゲ発生情報を共有し、来襲予測に役立てようということになった。現在その情報は（社）漁業情報サービスセンター（JAFIC）によって集計・作成されており、個別の調査船情報などは日本海区水産研究所によってまとめられている。これらの情報はウェブによって一般にも公開されており、だれでも見ることができ、漁業対策などに活用されている（図）。

JAFIC：http://www.jafic.or.jp/kurage/index.html
日本海区水産研究所：http://jsnfri.fra.affrc.go.jp/Kurage/kurage_top.html

第8章　クラゲはなぜ大量に増えるのか

特に漁業者は発生の規模や時間などを予測でき、出漁の時間を変えたり、網を移動させるなど事前に被害の軽減対策を立てることが可能になった。

このようなエチゼンクラゲの来襲予測は、中国・韓国とも協力して国際共同調査という形で行っており、年に一度の国際会議によって情報交換を行っている。

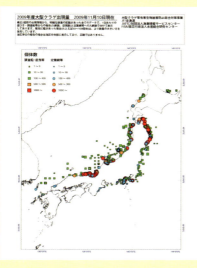

図　エチゼンクラゲの大量出現
（JAFIC HP より）
2009 年の大量出現では、エチゼンクラゲは対馬暖流に乗って北上し、津軽海峡を越えて、三陸沖や相模湾にも来襲した。そして、群れの先頭は紀伊半島にまで達したのである

消えたエチゼンクラゲの大量発生と今後

2010 年以降には、幸いにも日本の沿岸でのエチゼンクラゲの大量発生は観察されていない。中国沿岸域の環境が急激に改善されたとは考えられないため、環境変化のほかにも大量発生の要因はあるのではないかと推測される。その 1 つとして、エチゼンクラゲの生活史について考えてみる。クラゲはポリプの時期に、無性生殖によって自身のクローンを大量生産して増殖する。すなわち、ポリプ

期におけるなんらかの変化が大量発生するかどうかの鍵になるのではないだろうか。

　第2章で解説したように、エチゼンクラゲのポリプからエフィラが離れると、残ったポリプの基部が再び成長してストロビラになることは難しい。このことから考えると、エフィラが大量に離れた後であれば大量発生は起こりにくいはずだ。同時にエチゼンクラゲは、アカクラゲと同様にポドシストを生産して増殖することも可能だ。エチゼンクラゲのポドシストは5年以上そのまま休眠して、その後、時期がくると殻が破れて（脱シスト）、ポリプで再び増殖できる能力をもつといわれている。つまり、最近大量発生がないということは、このような休眠状態のポドシストが中国沿岸域のどこかに大量に存在しているのではないだろうか。ポドシストがどのような環境変化が引き金となって脱シストするのかはまだ明らかにされていないが、いっせいに脱シストを起こすような要因が訪れた際に、大量発生を招くのではないだろうか。今後は休眠状態のポリプが目を覚ます、いわゆる脱シストの条件はなんなのか、そしてその規模はどれくらいなのか、というような予測研究を、中国などと共同で行っていくことが必要になってくる。

　本章ではクラゲの大量発生について、その原因の1つとして考えられる人間活動との関係を含めて説明した。次の章ではさらに話題を広げて、人間とクラゲの関係を深く考えてみたい。

第9章 人間とクラゲの関係

クラゲ類は大量発生すれば漁業などに大きな被害をもたらす一方、人間の社会生活に積極的に利用されて役に立つ一面もある。ここでは、クラゲと人間の関係を正と負の両面から見ていく。

クラゲによる被害

漁網への侵入

近年、日本海沿岸においてミズクラゲやエチゼンクラゲなどの鉢クラゲ類の大量出現がたびたび起こり、水産業に大きな影響を与えていることを前の章で説明したが、特に大型のエチゼンクラゲは、定置網などに入り込んで網の中の漁獲物を傷めたり、クラゲの重みで網を破損させるなど、対馬海峡から東の日本海を中心に大変な漁業被害をもたらしている。ミズクラゲやアカクラゲなども同じように大量発生するが、発生海域の多くが大型の定置網漁業が行われない都市部の内湾域のため被害は少ない。しかし、瀬戸内海やその周辺海域などでは、これらによる漁業被害も数多く報告されている。これらの対策として最近一部の海域では、入網したエチゼンクラゲを網の奥まで入れずに上部からそのまま出してしまい、魚だけが下の網に行くようなシステムや、網が二重になっていて初めにエチゼンクラゲだけを網からはずせるように工夫されたものが使用されて

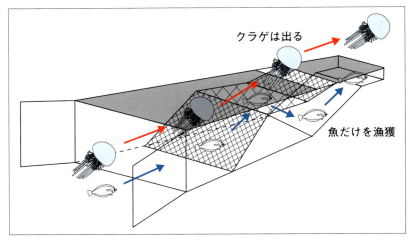

図 9-1　クラゲ対策網

図 9-2　ヒトツクラゲ（傘径 0.2 ～ 0.4 cm）

いる（図 9-1）。

エチゼンクラゲのような目に見えて大きなサイズではなく、顕微鏡でしか見えない小さなクラゲでも時として大きな被害を与えることがある。例えばヒトツクラゲ（図 9-2）は世界中の海域で見られる微小なヒドロクラゲであるが、時として大量に発生することがある。そして、小さいがゆえに生けすの網のすき間などから中に侵入して、養殖している魚のエラに入り大量に窒息させてしまうのである。実際にノルウェーのフィヨルドでは、2007 年にばく大な数のヒトツクラゲがサケ養殖の生けすの網に侵入し大量のサケが死ぬ被害が起きている。

128

第9章 人間とクラゲの関係

バラスト水とクシクラゲ

　クシクラゲの仲間も世界各地の水産業に大きな影響を与えて問題になっている。特に1980年代には、カブトクラゲの仲間ムネミオプシス（*Mnemiopsis leidyi*）が、黒海などで大量発生して水産業に大損害を与えた（図9-3）。ムネミオプシスはもともと北米大陸の大西洋沿岸に生息するが、世界各地を行き来する貨物船のバラスト水などに混入することによって、原産地から遠く離れた世界中の海へと分布を広げている。

　バラスト水とは、船舶の重しとして用いられる海水のことである。船舶が荷物を何も積んでいない状態で出港する時、その出港地では港の海水などを船の重しとしてタンクに積み込むことで、そのままでは浮いてしまう船のバランスをとっている。しかし、行き先の寄港地で運ぶ目的の荷物を積むことで今度は重しの水が不要となり、出港地で入れた海水がそのまま船外へ排出される。その際、バラス

図9-3　黒海、カスピ海および地中海と航路

129

ト水に混入していた生物が寄港地のある別の海域に侵入することになる。これらの生物は外来種と呼ばれ、その海域のもとからある生態系に大きな影響を与えることがわかっており、国際的に問題になっている。

　ムネミオプシスは現在、はるか内陸の塩湖として知られるカスピ海でも確認されている（図 9-3）。ムネミオプシスと以前から住んでいた魚類は、動物プランクトンという同じエサをめぐって競争になり、黒海ではすでに魚類の漁獲量が減るなどの影響が出ていた。そこに追い討ちをかけるように減少している魚類を今度は人間が競争して漁獲することになる。その結果ムネミオプシスが動物プランクトンを独占することになり、さらにムネミオプシスの急激な増加につながったのではないかという説もある。2000 年代になるとムネミオプシスの分布域はさらに拡大し、世界各地の生態系や産業活動で深刻な被害が多発している。ムネミオプシスは現在では、国際自然保護連合によってクラゲ類（刺胞動物も合わせて）としてはただ 1 つ世界の侵略的外来種ワースト 100 に指定されており、日本でも外来生物法により要注意外来生物に指定されている。今のところ日本国内での発見報告はないが、カブトクラゲをはじめとするクシクラゲは増加する機会があれば瞬時に大量発生して高密度のパッチをつくりあげるので要注意である。

　現在、外来生物の原因となるバラスト水に関しては、積極的な取り組みが全世界で行われてきている。バラスト水に含まれる生物の排出にともなう環境への被害を防止するため、船舶に対してその適切な管理を求めたバラスト水規制管理条約が 2017 年に発効した。

人間とクラゲの関係

同時にバラスト水を排出する際に細菌処理をするなど技術開発も進んでいる。

クラゲと発電所

　漁業以外でもクラゲ類の大量発生が人間生活と大きく関わっていることがある。火力発電所や原子力発電所の大部分は海に面して建設され、タービンを回して発電する際の冷却水として海水を利用している。しかし、海水を取り込んでいる海域にクラゲが大量発生すると、海水を取るための水路や取水口にクラゲが入り込んで、フィルターをふさいでしまい、最悪の場合は発電を停止しなければならない事態となる。実際にフィリピンなどでは、そうした停電が何度も起こっている。特に、電力の需要が大きい夏季に大量に発生するミズクラゲの存在は、電力会社にとって大きな問題である（図9-4）。
　そのため、クラゲ防除ネットを沖合に張ることでクラゲが集まってくるのを防いだり、エアバブル（空気の泡）を大量に出してクラ

図9-4　ミズクラゲが発電所の取水口に来襲（提供：(株)カナエ)

ゲが取水口に近づけないようにしたり、機械を用いてクラゲを海水ごとすくい上げて敷地内に埋め立てるなど、様々な対策がとられている。しかし、クラゲがパッチをつくって大量に来襲した時はいずれの方法でも手に負えなくなる。そこで最近では、クラゲの接近をあらかじめ予測したり、クラゲパッチがどのようにでき消滅するのかを事前に明らかにできるような試みがなされている。特に原子力発電所の操業が減った現在、稼働している火力発電所が停止すると大規模停電におちいる事態も想定されるため、クラゲ来襲への対策は急務とされている。

クラゲの利用・効果

食用クラゲ

　今度はクラゲの良い面、すなわち利用価値についてみてみよう。クラゲといえば現在ではやっかい者としてあつかわれることが多いが、食用として漁獲されることもある（図 9-5）。食用クラゲとしては、ビゼンクラゲ（図 9-6）、ヒゼンクラゲ（図 9-7）、巨大なエチゼンクラゲなど 10 種類ほどがあげられる。その中でも代表的なのがビゼンクラゲで、かつて瀬戸内海の岡山県の内

図 9-5　クラゲを使った料理

第9章　人間とクラゲの関係

湾域に多く見られたことから、その旧国名の1つである備前をとって名づけられた。現在では瀬戸内海で減り、九州西部の有明海に多く生息している。

図 9-6　ビゼンクラゲ（有明海）（傘径 40 〜 80 cm）

クラゲ漁

　有明海では日本で最も多くビゼンクラゲが発生し、地方名で「アカクラゲ」と呼ばれて漁獲されている。これは、ビゼ

図 9-7　ヒゼンクラゲ（傘径 40 〜 80 cm）

ンクラゲの色が赤みを帯びているからで（図 9-6）、本来のアカクラゲ（図 4-8：64 ページ）とはまったく異なる種類であることに注意してほしい。ビゼンクラゲは岸に近い湾奥部では年によって突然大量発生することが知られている。稚クラゲは、4 〜 5 月に湾奥部の河口近くに出現した後、急激に成長して 9 月には傘径 70 cm 以上、重量 30 kg 以上にもなる。

　ビゼンクラゲの漁は、通常クラゲが通過する海域を遮断するように網を張って、来たクラゲを網にからませることで捕獲する（刺網

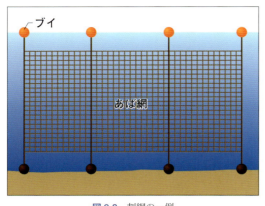

図 9-8 刺網の一例

漁、図 9-8)。船上からその大きな体を見つけられるため、時には海面に浮いている個体を上から網をかぶせてすくい上げることもある。雨が多い年には表層の海水の塩分が薄まり、低い塩分を嫌うビゼンクラゲが底の方へと沈む。すると海面からでは発見しにくくなり漁獲量が減ったりする。最近では2009年と2012年以降に豊漁になっている。

　近ごろでは食材としての需要がさらに高まり、佐賀県有明海漁協ではビゼンクラゲの食品加工事業を始めた。ビゼンクラゲを買い上げて漁協で加工し、中華料理の食材として中国に輸出するためである。一方、中国でのクラゲ漁の実状はどうなのだろうか？　ビゼンクラゲ漁は中国でもさかんなのだが、まだ成長しきっていない小さい段階の個体をわれ先にと競争して獲ってしまうことが多く、結果として利用できるクラゲの量が急激に減少してきているとの報告もある。有明海でも大量に出現した年には同じようなことが起こり、一時は出現したての初夏にまだ小型のビゼンクラゲを大量に漁獲したため最盛期の8月にはほとんど姿を消してしまった年もあった。このような乱獲を防ぐため、福岡、佐賀両県の有明海区漁業調整委員会は、漁の解禁を7～10月だけに限定して規制を始めた。この

第9章　人間とクラゲの関係

効果のためかどうかはわからないが、ビゼンクラゲの豊漁は最近まで続き、これをきっかけに他の魚種が不漁の年にはクラゲ漁に切り替える漁業者も現れてきている。ただし、ほぼ水の塊であるクラゲをすくうクラゲ漁は非常に重労働であり、漁獲方法のさらなる効率化や省力化が課題となっている。そのため、近年ではより安定した生産をめざしてビゼンクラゲの養殖が中国で始まり、日本にも輸出されて中華料理の素材として使われている。またクラゲ漁は、タイ、マレーシアやインドネシアなどの東南アジアでも最近さかんに行われており、ビゼンクラゲ以外の食用クラゲも漁獲され、中国や日本に輸出されている。

クラゲの加工

　それでは、ビゼンクラゲはどのようにして食卓に上るのだろうか？　ビゼンクラゲの体は他のクラゲ類と同じく大部分が水であり、これを食用に加工するにはちょっとした手間が必要になってくる。基本的には、塩とミョウバンに漬けて保存することにより水分が外に追い出され（脱水）、残ったタンパク質が固まることで食用となる。実際の加工現場では、触手や付属器を取り除いた後に真水で汚れやぬめりをよく洗い、食塩とミョウバンで2〜4日漬け込む。この時の食塩とミョウバンを混ぜる比率は3:2〜6:1と業者によって様々である。この作業によってクラゲから大量の水分が抜けてクラゲの食感（コリコリの度合）も変わる。さらに第2段階として、再び1週間程度、塩とミョウバンに漬け込み、時には同じ工程をくり返すことで十分脱水した後、最終的に5℃前後で冷蔵保存（塩

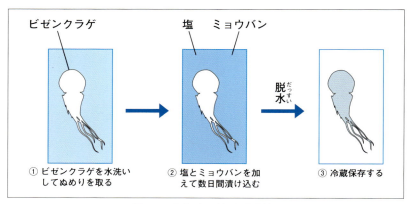

図 9-9　ビゼンクラゲの保存方法

蔵と呼ぶ）する。このように数回にわたって加工するため、非常に手間がかかる。できあがった塩蔵クラゲは、まず真水につけて塩を抜いた後、酢醤油やぽん酢醤油などで味付けして食用にされる（図9-9）。

　ビゼンクラゲの資源量は中国国内でも減少していることから、中国国内では日本よりも高値で取引される、いわゆる高級食材である。しかし、ビゼンクラゲも大量に発生する時には処理しきれないほどになるが、発生しない時はまったくといっていいほど獲れない。このような不安定なビゼンクラゲに対して漁獲、加工、流通のために投資（お金を出すこと）をするとなると、場合によっては大きな損害を受けることがある。それが日本でビゼンクラゲやエチゼンクラゲのような食用にできるクラゲが一時的に大量発生した際に、国内で処理できない1つの理由であろう。国内でクラゲの食用化の必要性が高まり、計画的に資源利用できるような体制が整えば、日本産ブランドのビゼンクラゲが食料としてわれわれのもとに出回る日

第**9**章　人間とクラゲの関係

も来るのではないかと期待している。

> **もっと知りたい！**

クラゲと微生物

　クラゲは海に漂うゼラチン質なので、さぞや多くの微生物にとって居心地のいい住み家だろうと思うかもしれないが、実はそうでない。もともとクラゲの体表面をおおっている粘液の主成分はムチンというタンパク質であり、ムチンの働きによって体を守ったり細菌感染を防いでいる。そのためクラゲの体表面にいる微生物は極端に少ない。実際にクラゲを分解処理して、その成分を混ぜた生育環境下では細菌は増えないのである。

養殖現場での利用－エサとしてのクラゲ

　魚介類を養殖する際のエサとしてクラゲを利用する研究も進んでいる。すでに説明したようにもともとクラゲは、海の生態系内で多くの生物にとっての大切なエサになっていることが知られているので、このような試みはごく当然なことであろう。

　エサとしてクラゲの利用価値が高いことはわかっていたのだが、養殖などの現場でクラゲを魚などのエサとして使うにあたり、安定して増殖させることが課題であった。特に、ポリプ期からの飼育を完全に制御して、安定的に多くのクラゲを産出することは困難であると考えられていた。しかし、シロクラゲ（図 9-10）など生活史が単純な一部のヒドロクラゲ綱のポリプは、ストロビレーションやエフィラを経ずに直接クラゲを生産し、生育条件が満たされていればどんどん増殖を続けるため（図 2-1：26 ページ）、効率的かつ安

137

図 9-10　シロクラゲ（傘径 1〜4 cm）

定的にクラゲの生産を行えることがわかった。今では実際に多くの水族館でクラゲを増殖させ、魚介類や他のクラゲ類のエサとして使われている。クラゲをエサとして活用し、将来的にそれを捕食する生物、例えば高級なイセエビの養殖などに使うことができれば、やっかいなクラゲの有効利用となるだろう。

> **もっと知りたい！**
>
> ### クラゲの構成成分
>
> 　クラゲ類の体はほぼ海水でできている。実に重量の 97％が水分である。残りは 3％だが、この中身を乾燥させた状態でミズクラゲを例にみてみよう。まず、物質の比率だが、炭素が 4％、窒素は 1.3％である。有機物全体の比で見てみると、炭水化物、脂肪、タンパク質の割合は、それぞれ 0.5、2、7％でタンパク質が最も高い。クラゲのタンパク質といえば健康食品としてコラーゲンが有名だが、その割合は乾燥させたミズクラゲのわずか 0.03％である。そのため、サプリメントなどで市販されているコラーゲンは、クラゲからではなく主に魚のウロコなどから精製されている。

138

第9章 人間とクラゲの関係

クラゲとエコツーリズム

　最後にクラゲの生態を野外で直接観察できるエコツーリズムについて紹介しよう。太平洋の島国であるパラオ共和国には、タコクラゲが数多く生息する海水湖があり周年観察されるため、タコクラゲの研究が活発に行われてきた（図 9-11）。

　パラオの島々には、地中深くで洞窟などによって外界の海とつながった海水湖が数多く存在しており、世界遺産として有名なロックアイランドには約 70 の海水湖があるといわれている（図 9-12、9-13）。その中でも最も有名なのがジェリーフィッシュレイク（クラゲの湖）である（図 9-14）。ジェリーフィッシュレイクは、国際空港のあるコロールから船で約 40 分のエルコルク島にあり、島に着岸してジャングルの中を 10 分ほど歩くと到着する。湖には

図 9-11　パラオ共和国

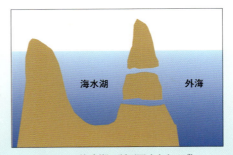

図 9-12　海水湖の断面図（イメージ）

浮き桟橋も設置してあり、ここからシュノーケリングで遊泳してタコクラゲを観察する。

　タコクラゲはクラゲの中でも比較的毒性が弱いため触れてもそれほど刺傷被害はないが、ラッシュガードなどで身体をおおう必要はあるだろう。また、ここのタコクラゲは日本沿岸で観察されるタコクラゲと異なり、口腕に付属している部分が非常に短く、あまりエサをとるのには適していない形態をしている（別の種とする説もあるが、ここではタコクラゲとしてあつかう）。これは生きていくためのエネルギーをほぼ体内の共生藻に依存しているためと考えられる。ただ、比較的大きな洞窟などで外の入り江とつながっているよ

図 9-13　パラオにあるジェリーフィッシュレイク（提供：駐日パラオ共和国大使館）

図 9-14　ジェリーフィッシュレイクの調査

第9章　人間とクラゲの関係

うな湖では、タコクラゲの形態も日本産のものと変わらない。おそらく外海と隔絶されたおだやかな海水湖の場合、遊泳能力もあまり必要とせず、常に表層にとどまって光を浴びることができるため、ジェリーフィッシュレイクでは独自に進化したのではないかと思われる。

　このようにおだやかな海域に生息しているタコクラゲを間近で観察でき、いっしょにフワフワと遊泳できるスポットは他にはあまり見かけないため、近年ジェリーフィッシュレイクを目的にパラオを訪ねる旅行客も多くなっている。自然のクラゲを見ることはとてもすばらしいが、それを長く後世に伝えるためにも自然環境を守っていく姿勢もまた重要である。

第10章 おわりに
―多様な生活史・形態が示すもの

　この本では様々なクラゲの生き様を述べてきた。やわらかくゼラチン質でできたクラゲの体そのものは大昔からあまり変わっていないが、その一方で、クラゲの多彩な生活史は長年かけて絶えず進化し続けてきたものである。なぜこんなにもいろいろな生活史のパターンがあるのかを考えることで、結びとしたい。

　地球上に多くの動物が出現したのは、約5億4千万年前のカンブリア紀だといわれている。その時代の主役は、三葉虫などの固い殻をもった生物であった。しかし、カンブリア紀よりも前の先カンブリア時代にも海の中に動物は出現していたのである。それらは固い殻をもたず、やわらかいゼラチン質の体をしていた。今のクラゲに近いと考えられる生物もこの時代に生息していたとされ、その姿が化石としても残っている。

　この時代から多くの生物は何回も絶滅をくり返してきたが、クラゲは古い年代から現在まで5度の生物大絶滅期に代表される過酷な環境変動を何度も乗り越えて生きのびてきた。例えば、恐竜をはじめとする全生物種の95％が死に絶えてしまうような大量絶滅期をもクラゲは生きのびてきたのである。それは今までこの本で述べてきたような、環境の変化に対する柔軟な生態と適応力、バラエティーに富んだ生活史、そしてなによりポリプ（シスト）という生命力の強い生活型を手に入れたことによるのだろう。そして、他の

142

第10章 おわりに－多様な生活史・形態が示すもの

　生物があまり生息していない深海にも生息場所を広げたこと、すなわち深海ならではの環境の安定性もまたクラゲの生き残りに貢献してきた。さらに近年の人類が作り出した環境の悪化、例えば水中に溶け込んでいる酸素が低下しても耐えることができ、生存し続けることができるような適応力を身につけてきたのである。

　クラゲの一生をみてみると、他の生物とは大きく違うことがわかる。例えばチョウでは、卵から生まれた幼虫がさなぎになり、最後はチョウになって卵を産んで一生を終える。一方クラゲでは、通常はクラゲから受精卵を経て育ったポリプが、やがてストロビラになりエフィラを放ってクラゲになるが、すべてのエフィラが離れた後に残された根元はまた再生してポリプへともどることもある。そして、シストという形で時には何年も休眠して環境の変化に耐えることもできる。こういったクラゲの一生は他の多くの生物のような一方向の変化ではなく、行きつもどりつ様々なサイクルを通じて、クラゲは巧みに生き続けているのである。不老不死という表現は必ずしも正確ではないが、このように、生活史を上手にコントロールできるクラゲは、子孫を残していくうえで他の生物に比べて圧倒的に有利である。

　では、様々な適応力で生きのびてきたクラゲが、最近われわれの目に見える場所で大量発生していることは何を意味するのであろうか？　現代の海がクラゲにとって住みやすい環境になりつつあり、これまで主役であった魚類などに代わってクラゲの立場が強くなってきていると考えることもできる。「クラゲの時代」、「クラゲの海」に向かっていると警告する研究者もいる。クラゲ好きにとってはう

れしいことかもしれないが、生態系全体を見わたせば、他の生物が
いなくなるということは生物の多様性が低くなることであり、大絶
滅期ほどとはいわないまでも地球全体の環境が少しずつ変動して、
クラゲなど一部の環境の変化に強い生物だけが生き残り繁栄して
くような時代に向かっているおそれも否定できない。

　多様性の高い海であれば、カワハギ類やウミガメ類などクラゲや
ポリプを好んで捕食する生物も多く存在してバランスのとれた豊か
な生態系が保たれるが、地球環境の悪化にともない生物の多様性が
低くなると、ますますクラゲだけが繁栄していく海になるかもしれ
ない。私たち人間は、台風やエルニーニョなど大きな自然の変化に
は逆らえないが、少なくとも人為的な環境悪化に関しては制御する
力をもっている。クラゲだけではなく、それらをエサとして捕食す
る生物ともども様々な生物が同じ空間で生息することができるよう
な多様性に富んだ海づくりをしていく必要があるのではないだろう
か。

　本書で取り上げたクラゲは本当に代表的なものばかりで、まだま
だバラエティーに富んだ生態をもつクラゲが多くいる。研究が行わ
れてきたクラゲの中にも、環境条件によってはまだまだ私たち研究
者も知らないような変化を見せるものがいるかもしれない。そのよ
うな未知の生態がまだ多く残っているところがクラゲ研究のおもし
ろさや課題でもある。この本で一人でも多くの読者がクラゲに興味
をもってくれたら、こんなにうれしいことはない。

あとがき

　現在、私は東京海洋大学の海洋資源環境学部海洋生態学研究室というところで研究している。日々学生と接しながら、時には乗船して調査したり、アマモ場でクラゲを採ったり、ダイビングをしてクラゲやポリプの撮影もしている。また、研究室ではポリプや小型のクラゲの飼育も行う。このように、フィールド調査と飼育実験をうまく組み合わせて、クラゲの神秘的な生態を解き明かすことをめざしている。ただ、飼育といっても水族館のような立派な飼育施設や大型の水槽がないので、ポリプやせいぜい小型のクラゲに限られてしまうのが残念なところではある。

　クラゲ研究の中でも印象に残っているのは、ノルウェーのベルゲン大学に留学していた時である。毎日自分で操船してヴォーグスベピューレンという小さな美しい入り江でクラゲを採集し、実験用に持ち帰ってきた。そこに住むクラゲたちは、同じ種類でも日本と生態が大きく異なっており、環境変化に対する適応能力の高さに驚いたものである。同じことはパラオ共和国に調査に行った時に海水湖で出会ったクラゲたちにも共通していた。ジャングルの中を探検して見つけた海水湖に飛び込んで採集・調査したことは貴重な経験であり、海水湖ごとに異なる多様な環境に様々な種類のクラゲたちが巧みに適応している姿に非常に驚かされた。

　クラゲ研究をしていくうえで出会った多くの人からも様々な刺激を受け、同時に助けられてきた。国際的には世界中のクラゲ研究者の集まりである International Jellyfish Blooms Symposium がある。

これは世界的規模でクラゲの大量発生が問題になった時に、クラゲ研究者が集まって今まで各国でバラバラだった情報を持ち寄って議論していこうということがきっかけで生まれた。第1回は2000年にアメリカのガルフショアで行われ、参加者全員が一つのホテルに泊まり、3日間にわたって集中的にクラゲの様々な研究内容について議論した。日本国内では規模や参加者の顔ぶれは異なるが、年に一回、日本中のクラゲとサンゴの研究者が一堂に会する日本刺胞有櫛動物研究懇話会という研究集会がある。この会は日本各地で開かれ、大学、学生、水族館、民間企業の方など、実に多方面から集まり、昼夜問わず議論し、夜には飲みながら交流する。また、時には水族館での飼育の様子を見せていただいたり、海へくり出して採集したりもする。言ってみれば、とても濃密な集まりなのだが貴重な情報収集の場でもある。

　このように私のクラゲ研究は、実に多くの方々とのつながりによって支えられている。大学で研究室だけに閉じこもっていることは視野が非常にせまくなるだけでなく、独善的になってしまうかもしれない。しかし、フィールドに出れば、生物の生の生活を感じることができる。そして、様々な人と関われば、視野は広くなり、発想は豊かになり、いろいろな側面からクラゲ、さらには他の海洋生物との関わりなどを見ることができるようになるだろう。私たちの研究室では、そのようなことを心がけながらクラゲの研究を進めている。

　この書籍は、ここでは紹介しきれなかった方々も含め、多くの方々から受けた助言や共同研究の成果をもとに執筆したものである。特

に、海遊館の村井貴史氏には、出版にあたり、多くの美しいクラゲ写真をご提供いただいた。この場をお借りして心から感謝申し上げる。同時に研究室の学生をはじめとする関わったすべての方々に厚くお礼申し上げる。そして、最後に私に海洋生態学やクラゲ研究への道を開いてくれた東京水産大学（現・東京海洋大学）大森 信名誉教授に心から感謝申し上げる。

付録 本書に登場した日本沿岸で観察されるクラゲ

門	綱	目	属・種（学名）
刺胞動物門	ヒドロクラゲ（ヒドロ虫）綱	花クラゲ目	カツオノカンムリ（*Velella velella* (Linnaeus, 1758)）
			カミクラゲ（*Spirocodon saltatrix* (Tilesius, 1818)）
			ギンカクラゲ（*Porpita porpita* (Linnaeus, 1758)）
			シミコクラゲ（*Rathkea octopunctata* (M. Sars, 1835)）
			タマクラゲ（*Cytaeis uchidae* Rees, 1962）
			ドフラインクラゲ（*Nemopsis dofleini* Maas, 1909）
			ハイクラゲ（*Staurocladia acuminata* (Edmondson, 1930)）
		軟クラゲ目	オワンクラゲ（*Aequorea coerulescens* (Brandt, 1835)）
			ギヤマンクラゲ（*Tima formosa* L. Agassiz, 1862）
			コブエイレネクラゲ（*Eirene lacteoides* Kubota & Horita, 1992）
			コモチクラゲ（*Eucheilota paradoxica* Mayer, 1900）
			シロクラゲ（*Eutonina indicans* (Romanes, 1876)）
			スギウラヤクチクラゲ（*Sugiura chengshanense* (Ling, 1937)）
			ヒトモシクラゲ（*Aequorea macrodactyla* (Brandt, 1835)）
		管クラゲ目	カツオノエボシ（*Physalia physalis* (Linnaeus, 1758)）
			タマゴフタツクラゲモドキ（*Diphyes chamissonis* Huxley, 1859）
			ヒトツクラゲ（*Muggiaea atlantica* Cunningham, 1892）
		淡水クラゲ目	カギノテクラゲ（*Gonionemus vertens* A. Agassiz, 1862）
			コモチカギノテクラゲ（*Scolionema suvaense* (Agassiz & Mayer, 1899)）
			ハナガサクラゲ（*Olindias formosus* (Goto, 1903)）
			マミズクラゲ（*Craspedacusta sowerbyi* Lankester, 1880）
		硬クラゲ目	カラカサクラゲ（*Liriope tetraphylla* (Chamisso & Eysenhardt, 1821)）
	立方クラゲ（箱虫）綱	アンドンクラゲ目	アンドンクラゲ（*Carybdea brevipedalia* Kishinouye, 1891）
			ヒクラゲ（*Morbakka virulenta* (Kishinouye, 1910)）
		ネッタイアンドンクラゲ目	ハブクラゲ（*Chironex yamaguchii* Lewis & Bentlage, 2009）
	十文字クラゲ綱	十文字クラゲ目	アサガオクラゲ（*Haliclystus auricula* James-Clark, 1863）
	鉢クラゲ（鉢虫）綱	冠クラゲ目	イラモ（*Nausithoe racemosa* (Komai, 1936)）
		旗口クラゲ目	アカクラゲ（*Chrysaora pacifica* (Goette, 1886)）
			アマクサクラゲ（*Sanderia malayensis* Goette, 1886）
			オキクラゲ（*Pelagia noctiluca* (Forsskål, 1775)）
			キタミズクラゲ（*Aurelia limbata* (Brandt, 1835)）
			キタユウレイクラゲ（*Cyanea capillata* (Linnaeus, 1758)）
			サムクラゲ（*Phacellophora camtschatica* Brandt, 1835）
			ミズクラゲ（*Aurelia coerulea* von Lendenfeld, 1884）

148

傘径（全長）（単位：cm）	分布	学名の意味
5〜10	温亜熱帯域	小さな帆
5〜8	温帯域	踊る少女
4〜5（ポリプ期：全長）	温亜熱帯域	ブローチ
0.5	温帯域の汽水域・沿岸	8個の点（8本の触手の根元にある8個の点が鮮やかなところから）
0.1〜0.2	温亜熱帯域の沿岸	元北海道大学教授の内田 亨氏にちなんで
2〜3	温帯域	元ヴロツワフ大学教授のフランツ・ドフライン氏にちなんで
0.05	温亜熱帯域の沿岸	先のとがった
15〜30	温亜熱帯域の沿岸	青色を呈する（発光した時の色）
5〜10	温亜寒帯域	美しい
2〜3	未発見	乳白色
0.5	温亜熱帯域	奇妙
1〜4	温亜寒帯域	インドに由来
0.5	温帯域	中国山東省東部海岸の成山に由来
5〜10	温亜熱帯域	大きな指
5〜10（直径）／10〜30（全長）	温亜熱帯域	ふくれたもの（海面上に出る気泡体）
0.2〜0.5（傘径）／1〜1.5（全長）	温亜熱帯域	フランス出身の詩人・博物学者のアーデルベルト・フォン・シャミッソ氏にちなんで
0.2〜0.4	温亜熱帯域	大西洋に由来
2〜3	温亜寒帯域の沿岸	曲がっている（カギの手状に曲がった触手）
1	温亜熱帯域の沿岸	スバ（フィジー共和国の首都）に由来
10〜15	温亜熱帯域	美しい
2	温帯域の池・湖沼	発見者アーサー・サワビー氏にちなんで
1〜3	温亜熱帯域	4枚の葉
3〜5	温亜熱帯域の沿岸	短いペダリア（4つある触手の寒天質の基部）
15〜20	温亜熱帯域	有毒
10〜15	亜熱帯域の沿岸	元琉球大学教授の山口正士氏にちなんで
0.5〜1（傘径）／1〜3（全長）	温帯域の沿岸	耳のような形
0.5	温亜熱帯域の沿岸	あふれるほどの房
15〜30	温亜熱帯域	太平洋に由来
10〜20	温亜熱帯域	マレー半島に由来
5〜8	温亜熱帯域	夜の光
15〜25	亜寒帯域	違った色で縁どられた
20〜50	亜寒帯域	毛髪
50〜60	亜寒帯域	カムチャッカ半島に由来
2〜40	温亜熱帯域の汽水域・沿岸	青

		旗口クラゲ目	ユウレイクラゲ（*Cyanea nozakii* Kishinouye, 1891)
刺胞動物門	鉢クラゲ（鉢虫）綱	根口クラゲ目	エチゼンクラゲ（*Nemopilema nomurai* Kishinouye, 1922)
			エビクラゲ（*Netrostoma setouchianum* (Kishinouye, 1902))
			サカサクラゲ（*Cassiopea ornata* Haeckel, 1880)
			タコクラゲ（*Mastigias papua* (Lesson, 1830))
			ヒゼンクラゲ（*Rhopilema hispidum* (Vanhöffen, 1888))
			ビゼンクラゲ（*Rhopilema esculentum* Kishinouye, 1891)
			ムラサキクラゲ（*Thysanostoma thysanura* Haeckel, 1880)

有櫛動物門	ウリクラゲ（*Beroe cucumis* Fabricius, 1780)
	オビクラゲ（*Cestum veneris* Lesueur, 1813)
	カブトクラゲ（*Bolinopsis mikado* (Moser, 1907))
	キタカブトクラゲ（*Bolinopsis infundibulum* (O.F. Müller, 1776))
	フウセンクラゲ（*Hormiphora palmata* Chun, 1898)

もっと知りたい！

学名のつけ方②

　学名には斜体を使用し、先に大文字から始まる属名、そして小文字から始まる種名、正式にはその後に命名者と発表年を書く。命名者が2人の時は＆でつなぎ（例えばA & B）、3人以上の時は代表者だけ記して後は *et al.* と書く（例えばA *et al.*）。以前は著名な命名者の名前は略して表記されたが（例えばリンネ（Linnaeus）は「L.」）、近年は略字ではわかりにくいことが多くなってきたので、略さずに命名者の姓をすべて記述するようになっている。また、命名者と発表年は省略されることもある。命名者と発表年にカッコ（　）が付いている時は、属名が後に変更されたことを示す。ミズクラゲの仲間である *Aurelia aurita* もリンネが発見した当初は多くの他のクラゲと同様に *Medusa* という属名であったため、

　Medusa aurita Linnaeus, 1758

であったが、その後、属名が *Aurelia* 属へと分類が変わったため

　Aurelia aurita (Linnaeus, 1758)

となった。このように顕微鏡などの進歩とともに分類体系が変わることは、よくあることで、現在でも遺伝学的な解析方法の進歩により、分類体

20〜50	温亜熱帯域	命名者の岸上鎌吉博士の採集を手伝った野崎續太郎氏にちなんで
50〜200	東シナ海、日本海、三陸沿岸	元福井県水産試験場長の野村貫一氏にちなんで
20〜30	温亜熱帯域	瀬戸内海
5〜30	温亜熱帯域の汽水域・沿岸	花のように飾り付けられた
5〜15	温亜熱帯域の汽水域・沿岸	パプア（ニューギニア島）に由来
40〜80	温亜熱帯域	毛むくじゃら
40〜80	温亜熱帯域	ベレー帽の形をした食べられるクラゲ
10〜20	亜熱帯域	飾り房のしっぽ

10〜15（全長）	温亜熱帯域	きゅうり
最大1m以上（全長）	亜熱帯域	ビーナスのガードル
8〜12（全長）	温亜熱帯域	帯
10〜20（全長）	亜寒帯域	漏斗
3〜5（全長）	温亜熱帯域	手のひら状

系は日々変わっているのが実状である。また、学名の読み方は基本的にラテン語読みとなり、*Aurelia aurita* は「アウレリア・アウリタ」と読む。

　学名には、分類作業にあたって基準となった生物の標本がある。これを模式（タイプ）標本という。また、様々な生物を採集していると、模式標本と近い種類で明らかに属は同じだが種のレベルでは違いそうな生物がとれることがある。本来はきちんと論文としてまとめ登録・報告（記載という）して学名をつけなければならないところだが、学名をつけるに至っていない「未記載種」と呼ばれている生物（標本）については *Aurelia* sp. と属名だけ表記する。sp. は species（種）の略を示す。そういう種類が複数いる時には *Aurelia* spp. と複数形で表記する。また、まだ不確定だけど、この種は調べるとさらにいくつかの種に分かれるようだと思われる時は *Aurelia aurita s.l.* のように表現することもある（s. l. は、*sensu lato* の略で、広義の、という意味である）。ただ、このような表現の仕方は一時的なもので、早急にきちんと分類体系が整理されていくことが望ましい。

石井 晴人(いしい はると)

1960年生まれ、1979年千葉県立東葛飾高校卒業、1983年筑波大学第二学群生物学類卒業、1985年東京水産大学大学院水産学研究科修士課程修了、1988年東北大学大学院農学研究科博士後期課程修了（農学博士）、農林水産省水産庁遠洋水産研究所、東京水産大学水産学部資源育成学科を経て、2018年東京海洋大学大学院海洋科学技術研究科准教授、現在に至る。

著書 「生物海洋学－低次食段階論」「東京湾－人と自然のかかわりの再生」（共著、恒星社厚生閣）、「海洋プランクトン生態学－微小生物の海」（共著、成山堂書店）、「クラゲ類の生態学的研究」（共著、生物研究社）。

写真 村井貴史(むらい たかし) 図0-1、1-12、1-13、2-2、2-4、3-12、4-2〜4-8、4-12〜4-14、5-2〜5-6、6-2、6-3、6-5〜6-11、6-13、6-14、7-3〜7-6、7-11〜7-13、7-18、8-1、8-3、9-6、9-7、もっと知りたい(104ページ図)ほか2、3章の生活史の図などで重複使用

■編集アドバイザー
阿部宏喜、天野秀臣、金子豊二、河村知彦、佐々木 剛、武田正倫、東海 正

もっと知りたい！海の生きものシリーズ ⑨

クラゲの宇宙
底知れぬ生命力と爆発的(ばくはつてき)発生

石井 晴人 著

2019年11月1日 初版1刷発行

発行者	片岡 一成
印刷・製本	株式会社シナノ
発行所	株式会社恒星社厚生閣
	〒160-0008　東京都新宿区四谷三栄町3-14
	TEL 03(3359)7371(代) FAX 03(3359)7375
	http://www.kouseisha.com/

ISBN978-4-7699-1644-4 C1045　　©Haruto Ishii, 2019
（定価はカバーに表示）

|JCOPY| ＜(社)出版者著作権管理機構 委託出版物＞

本書の無断複写は著作権法上での例外を除き禁じられています。複写される場合は、そのつど事前に、(社)出版者著作権管理機構（電話 03-3513-6969、FAX 03-3513-6979、e-mail: info@jcopy.or.jp）の許諾を得てください。